航天科技图书出版基金资助出版

多脉冲固体火箭发动机技术

马　亮　李　轩　王健儒　孙利清　著

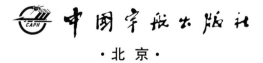
·北京·

图书在版编目（ＣＩＰ）数据

多脉冲固体火箭发动机技术 / 马亮等著 . -- 北京：
中国宇航出版社，2022.7
ISBN 978 - 7 - 5159 - 2068 - 9

Ⅰ.①多… Ⅱ.①马… Ⅲ.①固体推进剂火箭发动机
－研究 Ⅳ.①V435

中国版本图书馆 CIP 数据核字（2022）第 083550 号

责任编辑	侯丽平	封面设计	宇星文化

出 版
发 行　**中国宇航出版社**

社　址	北京市阜成路 8 号　邮　编　100830	版　次	2022 年 7 月第 1 版
	（010）68768548		2022 年 7 月第 1 次印刷
网　址	www.caphbook.com	规　格	787×1092
经　销	新华书店	开　本	1/16
发行部	（010）68767386　（010）68371900	印　张	12.75　彩　插　8 面
	（010）68767382　（010）88100613（传真）	字　数	310 千字
零售店	读者服务部　（010）68371105	书　号	ISBN 978 - 7 - 5159 - 2068 - 9
承　印	天津画中画印刷有限公司	定　价	80.00 元

本书如有印装质量问题，可与发行部联系调换

航天科技图书出版基金简介

航天科技图书出版基金是由中国航天科技集团公司于 2007 年设立的，旨在鼓励航天科技人员著书立说，不断积累和传承航天科技知识，为航天事业提供知识储备和技术支持，繁荣航天科技图书出版工作，促进航天事业又好又快地发展。基金资助项目由航天科技图书出版基金评审委员会审定，由中国宇航出版社出版。

申请出版基金资助的项目包括航天基础理论著作，航天工程技术著作，航天科技工具书，航天型号管理经验与管理思想集萃，世界航天各学科前沿技术发展译著以及有代表性的科研生产、经营管理译著，向社会公众普及航天知识、宣传航天文化的优秀读物等。出版基金每年评审 1～2 次，资助 20～30 项。

欢迎广大作者积极申请航天科技图书出版基金。可以登录中国航天科技国际交流中心网站，点击"通知公告"专栏查询详情并下载基金申请表；也可以通过电话、信函索取申报指南和基金申请表。

网址：http：//www. ccastic. spacechina. com

电话：（010）68767205，68767805

序

  多脉冲固体火箭发动机技术是实现导弹动力能量可控、灵活管理的重要技术，也是广大固体火箭发动机技术人员一直追求的核心技术。它不仅广泛地应用于地空、空空等传统导弹领域，近年来更是在强突防地地战术导弹、紧凑型反坦克导弹等领域得到快速发展，已成为固体火箭发动机技术发展的热点。多脉冲固体火箭发动机能量管理技术设计理念的应用，在固体导弹领域具有重大的意义。

  本书作者在固体火箭发动机领域具有深厚的理论基础和扎实的工程经验。近年来，在能量管理技术强烈需求的牵引下，设计师们发扬艰苦奋斗、勇于攀登的航天精神，从一开始就瞄准世界先进水平，充分发挥团队的创新能力，先后突破了轻质可靠隔离技术、长脉冲间隔热防护技术和多次快速响应点火技术等关键技术，建立了多脉冲发动机的研制流程和设计、工艺规范，研究成果得到了广泛的应用，并取得了多次飞行试验的成功。因此，本书是作者的经验总结和心血结晶，体现了作者的业务能力和专业水准，必将为固体火箭发动机技术的发展起到很好的推动作用。

  难能可贵的是，本书不仅有大量的火箭试验和工程数据，还有建立起来的各种数学仿真模型和单项验证物理模型，为多脉冲固体火箭发动机的设计打下了坚实的基础。

  借着写序的机会，我也十分感谢本书作者在多脉冲固体火箭发动机技术攻关的艰难岁月中为我国固体动力技术发展做出的贡献。

邢晓岳

2022 年 5 月

前　言

固体火箭发动机已成为国内外各类导弹武器系统广泛使用的动力装置。近年来，随着导弹对先进固体动力要求的不断提高，需要发动机具备更为灵活的能量管理能力。多脉冲发动机因射程更远、速度更快、机动性更高等优点，越来越受到世界各国的重视。经过几十年的努力，多脉冲固体火箭发动机多项核心关键技术取得了重大突破，采用多脉冲固体火箭发动机成为一种十分理想的能量管理途径。

本书是国内多脉冲固体火箭发动机领域较为系统性的专业图书，内容不仅包含了多脉冲固体火箭发动机技术的基本知识、基本理论，还融入了作者多年的科研实践经验，是理论知识与实践应用紧密结合的突出成果。本书的创作着眼于固体火箭发动机技术的长远发展对人才素质能力的要求，旨在为从事相关领域的技术人员提供设计参考，可供具有一定技术储备的科技人员学习使用。

全书共分为 9 章：第 1 章概述，介绍多脉冲发动机的工作原理、类型及结构、主要技术优势、应用情况和发展趋势，主要由马亮、郭运强、张翔宇等撰写；第 2 章介绍多脉冲发动机典型结构及工作策略，主要由马亮、李轩、王雪坤等撰写；第 3 章介绍多脉冲发动机总体设计技术，详细论述了隔舱式和隔层式多脉冲发动机总体结构设计，讨论了主要参数选取、总体性能优化设计和关键技术，主要由马亮、王健儒、王谨等撰写；第 4、5 章分别对两种隔离技术进行了介绍——隔舱刚性硬隔离技术和隔层柔性软隔离技术，主要由孙利清、黄薇薇、李青频等撰写；第 6~8 章分别介绍了多脉冲发动机燃烧室、喷管和点火技术，主要由马亮、李媛、杨德敏等撰写；第 9 章介绍了多脉冲发动机可靠性技术，主要由马亮、秦鹏举、赵永超等撰写。

本书在编写过程中得到了各级领导及相关专家的大力支持，西安航天动力技术研究所的领导十分重视本书的编著工作，使得本书得以顺利定稿、出版，宋学宇、苑博、刘雨、王春光、杨春庆等为本书成稿提供了帮助，在此对他们表示衷心感谢！

由于笔者水平有限，书中难免有疏漏及不足之处，恳请读者批评指正。

作　者

2022 年 3 月

目　录

第1章　概述 ………………………………………………………… 1

1.1　引言 …………………………………………………………… 1

1.2　多脉冲发动机工作原理 ……………………………………… 1

1.3　多脉冲发动机类型及结构 …………………………………… 2

1.3.1　多脉冲发动机的分类 …………………………………… 2

1.3.2　多脉冲发动机的结构 …………………………………… 2

1.4　多脉冲发动机主要技术优势 ………………………………… 3

1.5　多脉冲发动机的应用 ………………………………………… 5

1.5.1　远程防空反导导弹 ……………………………………… 5

1.5.2　中远程空空导弹 ………………………………………… 7

1.5.3　强突防地地战术导弹 …………………………………… 8

1.5.4　紧凑型动能反坦克导弹 ………………………………… 8

1.6　多脉冲发动机发展趋势 ……………………………………… 9

参考文献 …………………………………………………………… 11

第2章　多脉冲发动机典型结构及工作策略 ……………………… 13

2.1　隔舱式多脉冲发动机 ………………………………………… 13

2.1.1　轴向隔舱式 ……………………………………………… 13

2.1.2　径向隔舱式 ……………………………………………… 14

2.1.3　轴向＋径向隔舱式 ……………………………………… 15

2.2　隔层式多脉冲发动机 ………………………………………… 17

2.2.1　轴向隔层式 ……………………………………………… 17

2.2.2　径向隔层式 ……………………………………………… 17

2.2.3　轴向＋径向隔层式 ……………………………………… 18

2.3　混合隔离式多脉冲发动机 …………………………………… 19

2.3.1　轴向隔舱＋隔层式 ……………………………………… 19

2.3.2　径向隔舱＋隔层式 ……………………………………… 21

2.4 多脉冲发动机工作策略 ·· 22
　2.4.1 脉冲顺序工作策略 ··· 22
　2.4.2 脉冲组合工作策略 ··· 22
参考文献 ··· 24

第3章 多脉冲发动机总体设计技术 ··· 25
3.1 多脉冲发动机结构形式及选择 ··· 25
　3.1.1 发动机 ·· 25
　3.1.2 隔离装置 ·· 27
　3.1.3 燃烧室 ·· 29
　3.1.4 喷管 ··· 31
　3.1.5 点火器 ·· 32
3.2 多脉冲发动机主要设计参数的选取 ··································· 32
　3.2.1 各级脉冲能量分配 ··· 32
　3.2.2 设计高度及对应的环境压强 ·· 33
　3.2.3 工作压强 ·· 33
　3.2.4 最佳膨胀比 ·· 35
　3.2.5 平均喉径 ·· 36
3.3 多脉冲发动机总体性能优化设计 ····································· 36
　3.3.1 优化准则和目标函数 ··· 36
　3.3.2 设计变量 ·· 36
　3.3.3 约束条件 ·· 39
　3.3.4 优化方法 ·· 40
3.4 多脉冲发动机关键技术 ·· 40
　3.4.1 轻质可靠隔离技术 ··· 40
　3.4.2 长脉冲间隔热防护技术的技术途径 ·································· 41
　3.4.3 多次快速响应点火技术 ·· 43
3.5 多脉冲发动机试验技术 ·· 44
参考文献 ··· 45

第4章 隔舱刚性硬隔离技术 ·· 46
4.1 隔舱功能及技术要求 ·· 46
　4.1.1 隔舱主要功能 ··· 46
　4.1.2 隔舱技术要求 ··· 48
4.2 隔舱主要类型、结构及连接方式 ····································· 48

　　　4.2.1　陶瓷隔舱 ………………………………………………………… 48

　　　4.2.2　金属膜片隔舱 …………………………………………………… 51

　　　4.2.3　多维编织复合网隔舱 …………………………………………… 55

　　　4.2.4　蜂窝塞隔舱 ……………………………………………………… 58

　4.3　隔舱结构有限元分析 ………………………………………………… 59

　　　4.3.1　陶瓷隔舱结构有限元分析 ……………………………………… 59

　　　4.3.2　金属膜片隔舱结构有限元分析 ………………………………… 63

　　　4.3.3　多维编织复合网隔舱结构有限元分析 ………………………… 69

　4.4　隔舱区域流场数值分析 ……………………………………………… 71

　　　4.4.1　陶瓷隔舱流场数值分析 ………………………………………… 71

　　　4.4.2　金属膜片隔舱流场数值分析 …………………………………… 75

　4.5　隔舱试验技术 ………………………………………………………… 79

　　　4.5.1　隔舱正向承压试验 ……………………………………………… 80

　　　4.5.2　隔舱反向打开试验 ……………………………………………… 80

　　　4.5.3　实例及结果分析 ………………………………………………… 82

参考文献 ……………………………………………………………………… 87

第5章　隔层柔性软隔离技术 ……………………………………………… 89

　5.1　隔层功能及技术要求 ………………………………………………… 89

　　　5.1.1　隔层主要功能 …………………………………………………… 89

　　　5.1.2　隔层技术要求 …………………………………………………… 90

　5.2　隔层材料性能 ………………………………………………………… 90

　　　5.2.1　隔层材料性能要求 ……………………………………………… 90

　　　5.2.2　隔层材料低温性能 ……………………………………………… 91

　5.3　隔层主要类型及结构 ………………………………………………… 92

　　　5.3.1　轴向隔层 ………………………………………………………… 92

　　　5.3.2　轴向＋径向隔层 ………………………………………………… 94

　5.4　隔层传热仿真分析 …………………………………………………… 96

　5.5　隔层工作过程仿真分析 ……………………………………………… 103

　　　5.5.1　隔层正向承压过程仿真分析 …………………………………… 103

　　　5.5.2　隔层反向打开过程仿真分析 …………………………………… 105

　5.6　隔层试验技术 ………………………………………………………… 113

　　　5.6.1　隔层快速充压冷流试验 ………………………………………… 114

　　　5.6.2　隔层传热及裕度考核热流试验 ………………………………… 114

　　　5.6.3　实例及结果分析 ·· 115

　参考文献 ·· 118

第 6 章　多脉冲发动机燃烧室技术 ·· 119

　6.1　多脉冲壳体技术 ··· 119

　　　6.1.1　金属壳体分段对接技术 ··· 120

　　　6.1.2　分段复合材料壳体技术 ··· 122

　6.2　多脉冲燃烧室绝热技术 ··· 124

　　　6.2.1　绝热层材料的选择 ·· 124

　　　6.2.2　绝热结构设计 ·· 124

　6.3　多脉冲燃烧室装药技术 ··· 125

　　　6.3.1　推进剂选择 ·· 125

　　　6.3.2　装药设计 ··· 126

　6.4　双脉冲燃烧室（复材壳体）成型工艺技术 ····································· 129

　　　6.4.1　带药缠绕复合材料壳体工艺技术 ······································ 129

　　　6.4.2　复合材料壳体分级装药工艺技术 ······································ 130

　参考文献 ·· 133

第 7 章　多脉冲发动机喷管技术 ··· 134

　7.1　多脉冲喷管的类型与结构 ·· 134

　　　7.1.1　多脉冲喷管的类型 ·· 134

　　　7.1.2　多脉冲喷管的结构 ·· 134

　7.2　多脉冲喷管喉径变化辨识 ·· 136

　7.3　多脉冲喷管热结构完整性分析 ·· 138

　7.4　多脉冲喷管工作过程仿真分析 ·· 141

　　　7.4.1　喷管工作过程的划分 ··· 141

　　　7.4.2　仿真分析模型及计算方法 ·· 142

　　　7.4.3　仿真分析结果 ··· 143

　参考文献 ·· 146

第 8 章　多脉冲发动机点火技术 ··· 147

　8.1　点火器的类型与结构 ·· 147

　8.2　点火器的选择与点火布局 ·· 149

　8.3　点火过程数值仿真分析 ··· 153

　　　8.3.1　点火过程的划分 ··· 154

8.3.2　仿真分析模型和计算方法 ┈┈┈┈┈┈┈┈┈┈┈┈┈┈┈┈ 154

8.3.3　仿真结果及影响因素分析 ┈┈┈┈┈┈┈┈┈┈┈┈┈┈┈ 156

8.4　点火器单项点火试验 ┈┈┈┈┈┈┈┈┈┈┈┈┈┈┈┈┈┈┈┈┈┈ 162

参考文献 ┈┈┈┈┈┈┈┈┈┈┈┈┈┈┈┈┈┈┈┈┈┈┈┈┈┈┈┈┈┈┈┈ 165

第9章　多脉冲发动机可靠性技术 ┈┈┈┈┈┈┈┈┈┈┈┈┈┈┈┈┈┈┈ 166

9.1　可靠性基本概念 ┈┈┈┈┈┈┈┈┈┈┈┈┈┈┈┈┈┈┈┈┈┈┈┈┈ 166

9.2　发动机可靠性要求 ┈┈┈┈┈┈┈┈┈┈┈┈┈┈┈┈┈┈┈┈┈┈┈ 166

9.2.1　可靠性定性要求 ┈┈┈┈┈┈┈┈┈┈┈┈┈┈┈┈┈┈┈┈┈ 166

9.2.2　可靠性定量要求 ┈┈┈┈┈┈┈┈┈┈┈┈┈┈┈┈┈┈┈┈┈ 167

9.3　发动机可靠性定性设计与分析 ┈┈┈┈┈┈┈┈┈┈┈┈┈┈┈┈ 167

9.3.1　发动机故障模式及其影响分析（FMEA）┈┈┈┈┈┈┈┈ 167

9.3.2　发动机故障树分析（FTA）┈┈┈┈┈┈┈┈┈┈┈┈┈┈┈ 169

9.3.3　发动机可靠性设计准则 ┈┈┈┈┈┈┈┈┈┈┈┈┈┈┈┈┈ 171

9.4　发动机可靠性预计和分配 ┈┈┈┈┈┈┈┈┈┈┈┈┈┈┈┈┈┈┈ 173

9.4.1　发动机可靠性模型 ┈┈┈┈┈┈┈┈┈┈┈┈┈┈┈┈┈┈┈┈ 173

9.4.2　发动机可靠性预计 ┈┈┈┈┈┈┈┈┈┈┈┈┈┈┈┈┈┈┈┈ 177

9.4.3　发动机可靠性分配 ┈┈┈┈┈┈┈┈┈┈┈┈┈┈┈┈┈┈┈┈ 181

9.5　发动机可靠性评定 ┈┈┈┈┈┈┈┈┈┈┈┈┈┈┈┈┈┈┈┈┈┈┈ 182

9.5.1　单元可靠性评定 ┈┈┈┈┈┈┈┈┈┈┈┈┈┈┈┈┈┈┈┈┈ 182

9.5.2　单元等效试验数折算方法 ┈┈┈┈┈┈┈┈┈┈┈┈┈┈┈┈ 184

9.5.3　发动机整机可靠性评定 ┈┈┈┈┈┈┈┈┈┈┈┈┈┈┈┈┈ 186

参考文献 ┈┈┈┈┈┈┈┈┈┈┈┈┈┈┈┈┈┈┈┈┈┈┈┈┈┈┈┈┈┈┈┈ 190

第1章 概　述

1.1　引言

固体火箭发动机具有结构简单、工作可靠、使用方便、安全性好及成本低等优点，经过几十年的快速发展，在国内外各类导弹武器系统中已经得到了广泛的应用。但是，固体火箭发动机也存在着一些不足，其中最主要的不足是推力可控性差、缺乏多次启动能力，这些不足在一定程度上影响了导弹武器系统的性能及其发展。

随着新技术、新材料、新工艺的不断涌现和发展，导弹武器系统对固体火箭发动机提出了更高的要求，除了常规的高能量、高质量比、强环境适应性要求外，还要求发动机具备更为灵活的能量管理能力。相比之下，应用多脉冲固体火箭发动机的导弹因射程更远、速度更快、机动性更高等优点，越来越受到世界各国的重视。正因为如此，国内外研究单位开展了针对多脉冲固体火箭发动机关键技术的攻关，经过多年的努力，在轻质柔性软隔层、轻质刚性硬隔舱、多次快速响应点火等核心技术方面取得了重大突破，采用多脉冲固体火箭发动机已经成为一种十分理想的能量管理途径。

多脉冲固体火箭发动机通过隔离装置将药柱分隔成几部分，可进行多次关机和启动，导弹根据战标需要实时管理发动机能量输出，通过弹上程序控制，合理地调节推力分配以及各脉冲间隔时间，使导弹获得灵活的射程调整、飞行速度特性、多任务能力，实现了导弹飞行弹道的最优控制和发动机能量的最优管理，全面提高了各类导弹武器系统的综合性能。多脉冲固体火箭发动机能量管理技术设计理念的应用，在固体导弹领域具有划时代的意义。

1.2　多脉冲发动机工作原理

多脉冲固体火箭发动机的工作原理为：发动机得到导弹点火指令后，点火启动一脉冲，一脉冲工作若干秒后，直到推进剂耗尽关机，把导弹加速到预定速度，发动机关机转入惯性飞行；间隔若干秒后，通过弹上程序控制随机启动二脉冲，发动机二脉冲工作若干秒后，推进剂耗尽再次关机；……导弹在空中机动待命，捕捉到目标后，最后一次启动发动机，导弹加速飞行，直到命中目标，多脉冲发动机推力曲线示意图如图1-1所示。

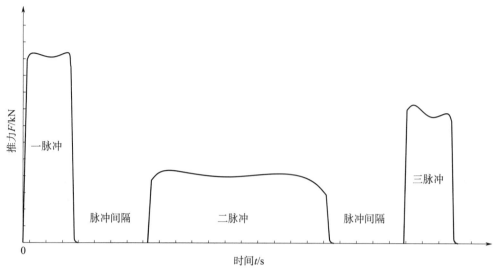

图 1-1　多脉冲发动机推力曲线示意图

1.3　多脉冲发动机类型及结构

1.3.1　多脉冲发动机的分类

根据脉冲数量，多脉冲发动机可以分为双脉冲发动机、三脉冲发动机、四脉冲发动机、……、N 脉冲发动机。

根据隔离方式，多脉冲发动机可以分为轴向隔离式多脉冲发动机、径向隔离式多脉冲发动机、轴向＋径向隔离式多脉冲发动机。

根据隔离装置承力工况，多脉冲发动机可以分为隔舱式（硬隔离）多脉冲发动机和隔层式（软隔离）多脉冲发动机。

隔舱式多脉冲发动机的隔离装置采用刚性硬隔离方式，将发动机分隔成多个舱段，每个舱段形成一个独立的脉冲燃烧室，隔离装置作为发动机的结构承力件，不但要起到隔热和密封作用，还要独立承担上一脉冲的工作压强。常见的隔舱有易碎陶瓷隔舱、金属膜片隔舱、蜂窝塞隔舱、复合网隔舱、金属单向阀隔舱等。

隔层式多脉冲发动机的隔离装置采用柔性软隔离方式，将燃烧室内的药柱分隔成几部分，隔层不作为发动机的独立结构承力件，需要借助下一脉冲药柱来承担上一脉冲的工作压强，同时还要起到隔热和密封作用。常见的隔层有轴向隔层、径向隔层、轴向＋径向隔层。

多脉冲发动机的分类如图 1-2 所示。

1.3.2　多脉冲发动机的结构

多脉冲固体火箭发动机实际上是利用隔离装置将燃烧室或药柱分隔成几部分，每级脉

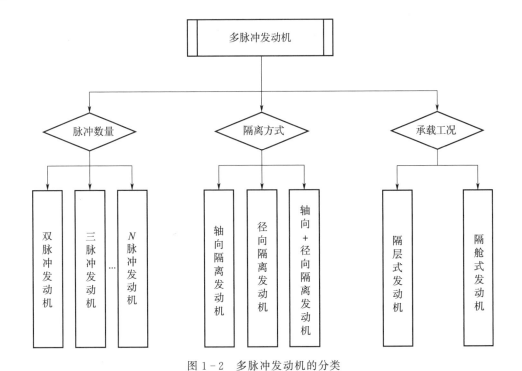

图 1-2　多脉冲发动机的分类

冲燃烧室或药柱各有一套独立的点火装置，用于点燃各级脉冲药柱，各级脉冲工作时共用同一个喷管。

多脉冲固体火箭发动机的典型结构为：（N 脉冲燃烧室或药柱＋N 脉冲点火器）＋隔离装置 N－1＋……＋（三脉冲燃烧室或药柱＋三脉冲点火器）＋隔离装置 2＋（二脉冲燃烧室或药柱＋二脉冲点火器）＋隔离装置 1＋（一脉冲燃烧室或药柱＋一脉冲点火器）＋共用喷管。多脉冲固体发动机典型结构如图 1-3 所示。

图 1-3　多脉冲固体发动机典型结构

1.4　多脉冲发动机主要技术优势

在同等条件下，导弹武器系统采用多脉冲固体火箭发动机作为动力装置，能显著提升导弹的综合性能，因此多脉冲固体火箭发动机是一种非常有发展前途的具有能量管理能力的固体火箭发动机，已成为国际先进固体推进技术的发展前沿。

采用多脉冲固体火箭发动机作为导弹动力装置具有如下技术优势：

1）导弹有效射程更远。导弹飞行的气动阻力与其速度平方成正比，传统的固体火箭发动机使得导弹连续加速，这样既增加了导弹的弹翼尺寸，又造成了较大的能量损失，从而影响了导弹射程。多脉冲固体火箭发动机在助推段完成后熄火一段时间，导弹做惯性飞行，这样能避免导弹的速度过大，从而减小导弹的阻力，提高导弹的射程。如图 1-4 所示，与单室双推力发动机相比，双脉冲发动机射程可增大 20%～40%，能有效增加导弹射程。

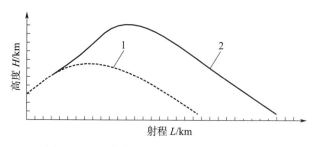

图 1-4　双脉冲发动机能有效增加导弹射程

1—单室双推力发动机；2—双脉冲发动机

2）导弹飞行末速度更高。多脉冲固体火箭发动机能够有效增加导弹主动段飞行时间，提高导弹飞行末速度，与单室双推力或单推力发动机相比，末速度可提高 15%～30%（防空导弹结合双高抛弹道末速度甚至可提高 2～3 倍），有效延长导弹有动力飞行的时间和距离，最大限度地提高导弹有动力飞行末速度，不同发动机导弹飞行时间及末速度对比如图 1-5 所示。

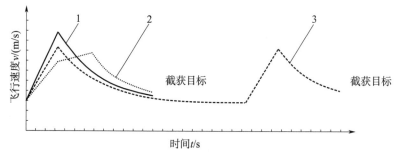

图 1-5　不同发动机导弹飞行时间及末速度对比

1—单推力发动机；2—单室双推力发动机；3—双脉冲发动机

3）导弹飞行机动性更高，弹道更灵活。导弹攻击的"不可逃逸攻击区"是指空空导弹从载机上发射后，目标不管做何种机动均不能逃脱导弹攻击的有效区域，在这一区域内导弹的机动能力处于最佳状态，它是空空导弹的一项重要参数。多脉冲固体火箭发动机与导弹的制导、控制系统相结合，捕捉到目标后，在导弹性能最优的时刻第二次启动发动机，导弹在有动力飞行状态下进行姿态控制，有效地消除了导弹的中段制导误差，提高了导弹的制导精度和打击机动目标的能力，使导弹具有更高的机动性。另外，采用多脉冲固体火箭发动机的导弹在整个飞行期间速度变化比较平缓，这样有利于飞行控制，不同发动机导弹同高度有效攻击区域示意图如图 1-6 所示。

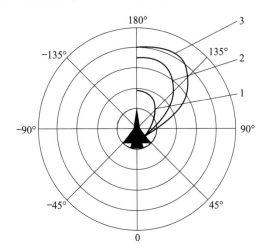

图 1-6 不同发动机导弹同高度有效攻击区域示意图

1—单推力发动机；2—单室双推力发动机；3—双脉冲发动机

1.5 多脉冲发动机的应用

多脉冲固体火箭发动机可以为各类导弹武器系统提供先进的动力平台，支撑优化导弹飞行弹道，通过发动机灵活可控的动力输出，提高防空反导导弹的末速度和机动性，扩大空空导弹的不可逃逸攻击区，增强地地战术导弹的变轨突防能力，实现反坦克导弹的紧凑型结构设计，全面提高导弹武器系统的综合性能，已广泛应用于防空反导导弹、空空导弹、地地战术导弹、反坦克导弹等领域。

1.5.1 远程防空反导导弹

多脉冲固体火箭发动机可以同防空反导导弹的制导和控制系统相结合，捕捉到目标后，在导弹综合性能最优的时刻再次启动发动机，提高导弹的飞行末速度、增强导弹飞行主动段有效过载机动能力，保持杀伤器动能和杀伤力。因此，多脉冲固体火箭发动机在防空反导导弹领域得到了广泛的应用。

下面介绍远程防空反导导弹采用双脉冲固体火箭发动机的应用算例[16]。

针对远程防空反导导弹飞行距离远、飞行时间长、飞行过程中消耗能量大的特点，提出了采用双高抛弹道结合双脉冲固体火箭发动机的技术途径，对典型拦截点（$R = 500$ km，$H = 15$ km）进行了不同弹道的数值仿真，通过定量对比说明采用双脉冲发动机对于提高导弹末速度、增加末端机动能力、减少导弹脱靶量、最终有效地拦截和摧毁目标、实现远程防空导弹的作战使命所带来的一些技术优势。

远程防空反导导弹分别采用双脉冲发动机和传统的单室单推发动机作为动力系统，假设导弹的发射质量相同、有效载荷相同、最大飞行高度相同，分别对末速度相同、射程相同两种情况规划了三种弹道（弹道 1 采用双脉冲发动机，弹道 2 和弹道 3 采用单室单推发动机）进行对比，三种弹道和速度性能比较如图 1 - 7 和表 1 - 1 所示。

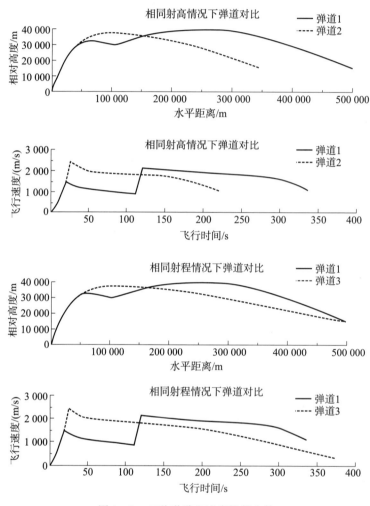

图 1 - 7　三种弹道和速度性能比较

表 1 - 1　三种弹道的数据对比

项目	射程/km	射高/km	末速度/(m/s)	平均速度/(m/s)
弹道 1（双脉冲发动机）	500	15	1 101	1 444
弹道 2（单室单推发动机）	350	15	1 040	1 581
弹道 3（单室单推发动机）	500	15	334	1 338

远程防空反导导弹弹道优化仿真结果表明：

1）在末速度相同的前提下（弹道 1 和弹道 2），采用双脉冲发动机，导弹分两段加速，平均速度低于一次加速导弹，大大提高了导弹的射程和作战距离。

2) 在拦截相同斜距和高度目标的前提下（弹道 1 和弹道 3），采用双脉冲发动机，末速度有大幅提高，能有效提高导弹末端机动能力。

1.5.2　中远程空空导弹

多脉冲固体火箭发动机具备突出的能量管理能力，通过弹上程序控制，可合理地调节推力分配以及各脉冲间隔时间，使空空导弹能够获得灵活的射程调整、更好的飞行速度特性及多任务执行能力，因此多脉冲固体火箭发动机可广泛应用于双射程空空导弹和中远程空空导弹。

（1）双射程空空导弹的应用

双射程空空导弹采用双脉冲发动机，在超视距作战时，发动机第一次启动后把导弹加速到预定速度，之后关机转入惯性飞行，导弹在空中机动待命，捕捉到目标后，与目标遭遇前若干秒第二次启动发动机，大幅度提高导弹的迎头射程和末段能量，实现超视距拦截目标功能。当攻击近距目标时，发动机连续两次不间断启动或者两级脉冲同时启动工作，发动机提供短时大推力，使导弹迅速加速到一定速度，实现导弹近程格斗功能，从而使空空导弹兼备近距格斗和超视距攻击的双重能力。

（2）中远程空空导弹的应用

中远程空空导弹可以采用具有能量可控特性的多脉冲发动机，利用多脉冲发动机突出的能量管理能力，提供多次间歇性推力，使得导弹在飞行过程中多次启动与关机，根据飞行任务的需要对发动机不同脉冲之间的间隔时间实施控制，实现导弹飞行弹道的优化，使导弹的射程更远、飞行更加机动灵活，提高空空导弹的攻击区和末端机动性，提高导弹的作战效能。

下面介绍空空导弹采用多脉冲固体火箭发动机的应用算例[20]。

以导弹的不可逃逸攻击距离作为优化目标函数，各级脉冲的总冲作为设计变量，脉冲间隔时间作为控制变量，将导弹的飞行弹道、控制参数及各脉冲之间间隔时间与发动机各脉冲的能量分配结合在一起进行优化，在导弹最优控制条件下实现导弹的最优综合性能和多脉冲发动机能量的最优分配。

仿真计算结果表明，采用多脉冲发动机后，导弹的综合飞行性能尤其是末端速度得到了较大幅度的提高，从而使得导弹的末端机动性能大大增加。

1) 多脉冲发动机能量分配的优化不是单纯发动机性能的优化，而是发动机与导弹飞行弹道和控制方式结合在一起的综合性能优化，这也是能量可控型发动机的一个主要特点。

2) 具有能量可控特性的多脉冲发动机在一定程度上能够提高空空导弹的综合作战效能，尤其会在增加导弹末端速度和机动性方面带来较大优势。

3) 导弹的飞行弹道和对脉冲间隔时间的控制会直接影响到多脉冲发动机各脉冲能量的分配，在进行多脉冲发动机设计时应充分考虑导弹总体的飞行弹道和控制方式。

1.5.3 强突防地地战术导弹

常规地地战术弹道导弹因其弹道固定、易于预测，从而容易受到导弹防御系统的拦截。为降低地地导弹遭受拦截的概率，提高其突防能力，可以采用多脉冲发动机，通过多次点火启动与熄火，结合摆动喷管的推力矢量控制技术，实现一种弹道难以预测、具备跳跃飞行能力的跳跃式导弹，这是地地导弹重要的突防措施之一。

跳跃式导弹采用具备突出能量管理能力的多脉冲发动机，通过多次间歇式推力输出，结合摆动喷管的推力矢量控制技术，导弹做交替"向下滑翔—动力转弯—惯性爬升"的跳跃式弹道飞行，使得防御系统无法辨识其真实弹道，无法预测其飞行轨迹和进袭目标，进而实现地地弹道导弹的强突防。跳跃式导弹由于弹道不固定，克服了常规弹道式导弹易被探测和拦截的特点，给反导系统预警造成了很大困难，压缩了其反应时间，降低了反导系统的杀伤效果，因此跳跃式导弹具有很强的隐蔽性和突防能力。

针对跳跃式弹道导弹的飞行特点，通过大量的仿真分析[21]认为：

1）合理分配发动机的能量及跳跃间隔时间，能形成逐次上扬的"爬楼梯"跳跃式弹道（最优方案）、变化比较整齐的"正弦波"跳跃式弹道（方案1）和逐次下降的"下楼梯"跳跃式弹道（方案2）。从射程来看，"爬楼梯"跳跃式弹道最佳。三种跳跃式弹道的比较如图1-8所示。

2）在相同总体设计参数前提下，通过与常规抛物线导弹相比，跳跃式导弹速度利用率和射程要有所降低，但其飞行中段的突防能力显著提高，中段突防概率由65%提高到99.7%。

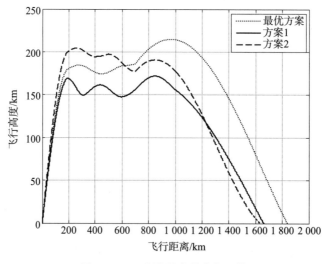

图1-8　三种跳跃式弹道的比较

1.5.4 紧凑型动能反坦克导弹

反坦克导弹一般要求动力系统能够提供两次间歇式推力，一级为短时大推力，起助推作用，通常要求在发射筒内完成工作。二级为长时小推力，起续航作用，通常要求在导弹离开射手一定安全距离后再次点火，直到发动机工作结束。同时为了便携，一般要求动力系统的结构尽量小、质量尽量小。

传统的反坦克导弹通常采用两级固体发动机，一级为发射发动机，二级为主发动机，两级发动机串联连接，在两者之间设置有分离机构，导弹动力系统结构相对复杂，发射过程中还要实现两级发动机的可靠分离和主发动机的延迟点火，发动机技术难度大、可靠性低，传统反坦克导弹发动机结构如图 1-9 所示。

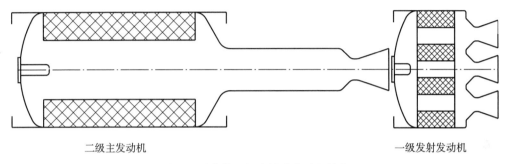

二级主发动机   一级发射发动机

图 1-9 传统反坦克导弹发动机结构

紧凑型反坦克导弹的动力系统可以采用双脉冲发动机，具体结构如图 1-10 所示。第一个脉冲提供短时大推力，相当于发射发动机，由弹上程序控制间隔数秒再次启动第二个脉冲，相当于主发动机的延时点火，可以使导弹动力系统的构成更加简单、结构更加紧凑，同时减小了消极质量，提高了发动机工作可靠性。

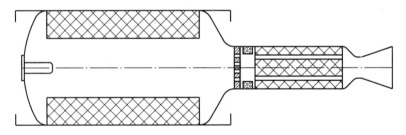

图 1-10 紧凑型反坦克导弹双脉冲发动机结构

1.6 多脉冲发动机发展趋势

多脉冲固体火箭发动机的主要发展趋势为：

1) 脉冲工作策略多种多样，能量管理更加灵活。多脉冲固体火箭发动机的隔离方式和隔离类型的多样性，使得发动机各级脉冲可以有不同的工作顺序和工作组合，形成不同的工作策略，例如三脉冲发动机，工作顺序有 A→B→C 和 A→C→B 两种，工作组合有（A+B）→C、A→（B+C）和（A+B+C）三种，这种多样的多脉冲发动机工作策略，可以为导弹提供多样、灵活的能量输出。

2）可靠性优先，工程应用主要以 2～3 脉冲为主。发动机的脉冲数量越多，发动机可输出的能量次数就越多，发动机的能量管理就更为灵活，这有利于导弹飞行弹道的最优控制和发动机能量的最优管理。但另一方面，发动机的脉冲数量越多，发动机结构就越复杂，需要多套隔离装置、多套点火装置及多处连接、密封结构，导致发动机结构质量增加、可靠性降低。因此，多脉冲发动机需要综合考虑导弹作战使用需求和发动机结构复杂性、可靠性，原理上样机可以做到 6 脉冲以上，但工程应用仍然主要以 2～3 脉冲为主。

3）大型化、轻质化是未来发展方向之一，需要进一步提高发动机质量比。多脉冲发动机的大型化、轻质化需要重点关注隔离装置和壳体的大型化、轻质化。

隔离装置是多脉冲发动机的核心部件，随着多脉冲发动机直径和工作压强的不断增加，隔离装置质量占发动机结构总质量的比例不断提高，总体对隔离装置的轻质化和可靠性提出了更高的要求，因此大型轻质可靠隔离装置设计是未来多脉冲发动机研究方向之一。

多脉冲发动机的壳体通常采用分段式结构，以便于隔离装置的安装操作、气密检测、后期维修或零件更换。早期的多脉冲壳体一般采用高强度金属材料，以便于壳体的分段加工。随着分段复合材料壳体设计与成型工艺技术攻关不断取得进步，复合材料壳体在多脉冲发动机上的应用得到实现，进一步提高了发动机的质量比。

4）应用以防空反导领域为主，向其他领域迅速拓展。早期多脉冲发动机的应用主要集中于防空反导领域，随着多脉冲发动机技术的发展，在空空导弹、地地战术导弹、紧凑型反坦克导弹等领域也迅速得到了拓展应用。

参 考 文 献

［1］ 马亮，杨德敏，顾雪林．多脉冲发动机技术［C］.2009年学术交流会暨四院科技委固体发动机设计与研究专业组学术研讨论文集，2009.

［2］ 李伟，权恩，马亮．固体多脉冲发动机技术发展综述［C］.固体推进技术及火工品专业组2013年会论文集，2013.

［3］ 叶定友，王敬超．固体发动机多次起动技术及其应用［J］，推进技术，1989（4）：71－74.

［4］ 毕世龙，陈延辉．多脉冲发动机研究［J］.飞航导弹，2011（9）：88－92.

［5］ 孙超，张琳，严聪，曹健．双脉冲固体火箭发动机概况［J］.飞航导弹，2013（8）：72－77.

［6］ 韩世纬，钟景福．多脉冲固体火箭发动机［J］.上海航天，1994（2）：38－43.

［7］ 龚士杰，戴耀松．多脉冲固体火箭发动机评述［J］.飞航导弹，1993（1）：32－39.

［8］ 徐丹丹，赵春来，闫大庆．国外双脉冲固体发动机技术发展及应用状况［C］.中国宇航学会固体火箭推进专业委员会第二十六届年会论文集（发动机分册），2009.

［9］ Nishii S，Fukuda K and Kubota N. Combustion tests of two－stage pulse rocket motors［R］. AIAA 89－2426.

［10］ Dunn B M，Durbin M R，Jones A L，et al. Short range attack missile（SRAM）propulsion，3 decades of history［R］. AIAA 94－3058.

［11］ Carrier J L C，Constantinou T，Harris P G，et al. The dual－interrupted－thrust pulse motor［R］. AIAA 86－1576.

［12］ Dahl H，Jones B. Demonstration of solid propellant pulse motor technologies［R］. AIAA 96－3157.

［13］ Schilling S，Trouillot P and Weigand A. On the development and testing of a 120 mm caliber double pulse motor（DPM）［R］. AIAA 2004－3387.

［14］ Craig Phillips. Preliminary pulse motor optimization for a surface－to－air missile［R］. AIAA 93－3741.

［15］ 刘廷国，何洪庆．多脉冲能量控制在战术导弹中的作用［J］.推进技术，1998，19（5）：110－114.

［16］ 张弢，郑时镜，于本水．远程防空导弹弹道设计技术研究［J］.系统工程与电子技术，2003，25（3）：304－307，369.

［17］ 张弢，成楚之，于本水．多次点火固体火箭发动机在面空导弹上的应用研究［J］.现代防御技术，2001，29（5）：31－33.

［18］ 张弢，郑时镜，于本水．遗传算法在远程防空导弹总体优化设计中的应用［J］.系统工程与电子技术，2003，25（1）：34－37，60.

［19］ 徐勇．双脉冲固体火箭发动机在中低空导弹上的应用研究［D］.西安：空军导弹学院，1995.

［20］ 王志健，何国强，魏祥庚，刘佩进．空空导弹多脉冲固体火箭发动机能量分配优化研究［J］.弹箭与制导学报，2010，30（6）：144－146.

[21]　张永军，夏智勋，孙丕忠，赵建民．跳跃式导弹弹道设计与优化 [J]．固体火箭技术，2006，29 (5)：313 - 316.

[22]　谷良贤，龚春林，吴武华．跳跃式弹道方案设计及优化 [J]．兵工学报，2005，26 (3)：353 - 356.

[23]　宋振峰．脉冲发动机在空中发射导弹上的应用 [J]．航空兵器，1993 (6)：27 - 33，6.

第 2 章　多脉冲发动机典型结构及工作策略

多脉冲固体火箭发动机实际上是利用隔离装置将燃烧室或药柱分隔成几部分，每级脉冲燃烧室或药柱各有一套独立的点火器，用于点燃各级脉冲药柱，各级脉冲共用同一个喷管。

多脉冲固体火箭发动机的典型结构为：（N 脉冲燃烧室或药柱＋N 脉冲点火器）＋隔离装置 N−1＋……＋（三脉冲燃烧室或药柱＋三脉冲点火器）＋隔离装置 2＋（二脉冲燃烧室或药柱＋二脉冲点火器）＋隔离装置 1＋（一脉冲燃烧室或药柱＋一脉冲点火器）＋共用喷管。

多脉冲固体火箭发动机的工作策略是指各级脉冲的工作顺序或者组合的策略，包括脉冲顺序策略和脉冲组合策略。

2.1　隔舱式多脉冲发动机

隔舱式多脉冲固体发动机采用刚性硬隔离方式，通过隔舱将发动机分隔成多个舱段，每个舱段形成一个独立的脉冲燃烧室，每个脉冲燃烧室各配一套独立的点火器，多个脉冲燃烧室共用同一喷管。常见的隔舱有易碎陶瓷隔舱、金属膜片隔舱、蜂窝塞隔舱、多维编织复合网隔舱等。

2.1.1　轴向隔舱式

（1）双脉冲发动机

典型的轴向隔舱式双脉冲发动机由 2 个脉冲燃烧室、2 个点火器、1 个隔舱和 1 个喷管组成，即为二舱（二脉冲燃烧室＋二脉冲点火器）＋隔舱＋一舱（一脉冲燃烧室＋一脉冲点火器）＋喷管，两级舱体通过连接结构轴向串联连接。不同隔舱的双脉冲发动机示意图如图 2−1～图 2−4 所示。

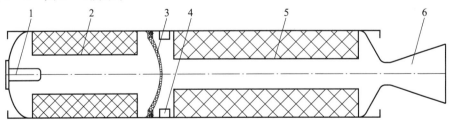

图 2−1　陶瓷隔舱双脉冲发动机

1—二脉冲点火器；2—二脉冲燃烧室；3—陶瓷隔舱；4—一脉冲点火器；5—一脉冲燃烧室；6—喷管

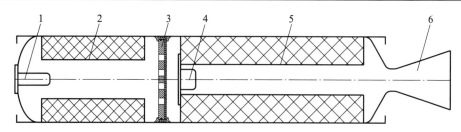

图 2-2　金属膜片隔舱双脉冲发动机

1—二脉冲点火器；2—二脉冲燃烧室；3—金属膜片隔舱；4——脉冲点火器；5——脉冲燃烧室；6—喷管

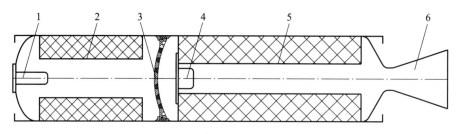

图 2-3　蜂窝塞隔舱双脉冲发动机

1—二脉冲点火器；2—二脉冲燃烧室；3—蜂窝塞隔舱；4——脉冲点火器；5——脉冲燃烧室；6—喷管

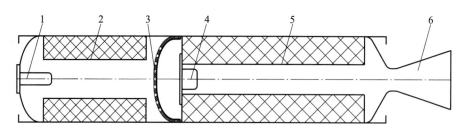

图 2-4　多维编织复合网隔舱双脉冲发动机

1—二脉冲点火器；2—二脉冲燃烧室；3—多维编织复合网隔舱；4——脉冲点火器；5——脉冲燃烧室；6—喷管

（2）多脉冲发动机

典型的轴向隔舱式多脉冲发动机主要由 N 个脉冲燃烧室、N 个点火器、$N-1$ 个隔舱和 1 个共用喷管组成，即为 N 舱（N 脉冲燃烧室＋N 脉冲点火器）＋隔舱 $N-1$＋……＋二舱（二脉冲燃烧室＋二脉冲点火器）＋隔舱 1＋一舱（一脉冲燃烧室＋一脉冲点火器）＋喷管，N 级舱体通过连接结构依次轴向串联连接。轴向隔舱式三脉冲发动机示意图如图 2-5 所示，轴向隔舱式四脉冲发动机示意图如图 2-6 所示。

2.1.2　径向隔舱式

典型的径向隔舱式双脉冲发动机主要由 2 个脉冲燃烧室、2 个点火器、1 个径向隔舱和 1 个喷管组成，即为二舱（二脉冲燃烧室＋二脉冲点火器）＋径向隔舱＋一舱（一脉冲燃烧室＋一脉冲点火器）＋喷管，两级舱体通过连接结构径向连接，发动机示意图如图 2-7 所示。

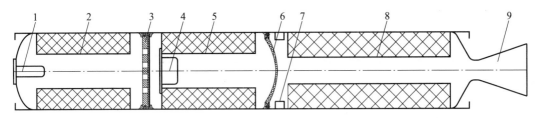

图 2-5 轴向隔舱式三脉冲发动机

1—三脉冲点火器；2—三脉冲燃烧室；3—隔舱 2；4—二脉冲点火器；5—二脉冲燃烧室；6—隔舱 1；7——脉冲点火器；
8——脉冲燃烧室；9—喷管

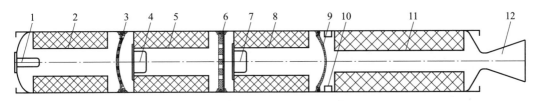

图 2-6 轴向隔舱式四脉冲发动机

1—四脉冲点火器；2—四脉冲燃烧室；3—隔舱 3；4—三脉冲点火器；5—三脉冲燃烧室；6—隔舱 2；7—二脉冲点火器；
8—二脉冲燃烧室；9—隔舱 1；10——脉冲点火器；11——脉冲燃烧室；12—喷管

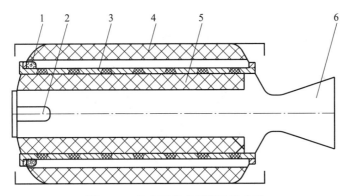

图 2-7 径向隔舱式双脉冲发动机

1—二脉冲点火器；2——脉冲点火器；3——径向隔舱；4—二脉冲药柱；5——脉冲药柱；6—喷管

2.1.3 轴向＋径向隔舱式

典型的轴向＋径向隔舱式多脉冲发动机主要由 N 个脉冲燃烧室、N 个点火器、$N-1$ 个隔舱和 1 个共用喷管组成，即为 N 舱（N 脉冲燃烧室＋N 脉冲点火器）＋隔舱 $N-1$ ＋……＋二舱（二脉冲燃烧室＋二脉冲点火器）＋隔舱 1＋（一脉冲燃烧室＋一脉冲点火器）＋喷管，N 级舱体通过连接结构依次轴向或径向连接。轴向＋径向隔舱式不同脉冲发动机示意图如图 2-8～图 2-10 所示。

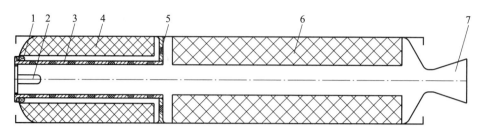

图 2-8　轴向＋径向隔舱式双脉冲发动机

1—二脉冲点火器；2——脉冲点火器；3—径向隔舱；4—二脉冲燃烧室；5—轴向隔舱；6——脉冲燃烧室；7—喷管

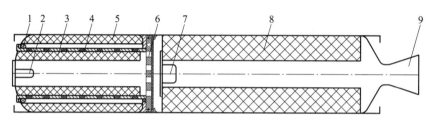

1—三脉冲点火器；2—二脉冲点火器；3—二脉冲燃烧室；4—径向隔舱；5—三脉冲燃烧室；
6—轴向隔舱；7——脉冲点火器；8——脉冲燃烧室；9—喷管

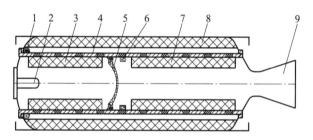

1—三脉冲点火器；2—二脉冲点火器；3—二脉冲燃烧室；4—径向隔舱；5—轴向隔舱；
6——脉冲点火器；7——脉冲燃烧室；8—三脉冲燃烧室；9—喷管

图 2-9　轴向＋径向隔舱式三脉冲发动机

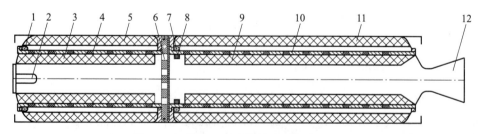

图 2-10　轴向＋径向隔舱式四脉冲发动机

1—四脉冲点火器；2—三脉冲点火器；3—三脉冲燃烧室；4—径向隔舱 2；5—四脉冲燃烧室；6—轴向隔舱；
7—二脉冲点火器；8——脉冲点火器；9——脉冲燃烧室；10—径向隔舱 1；11—二脉冲燃烧室；12—喷管

2.2　隔层式多脉冲发动机

隔层式多脉冲发动机的隔离装置采用柔性软隔离方式，将燃烧室内的药柱分隔成几部分，隔层不作为发动机的独立结构承力件，需要借助后级脉冲药柱和绝热壳体来承担前级脉冲的工作压强，同时还要起隔热和密封作用。常见的隔层有轴向隔层、径向隔层、轴向＋径向隔层。

2.2.1　轴向隔层式

典型的轴向隔层式多脉冲发动机由 N 个脉冲药柱、N 个点火器、$N-1$ 个轴向隔层和 1 个喷管组成，即为（N 脉冲药柱＋N 脉冲点火器）＋轴向隔层 $N-1$＋……＋（二脉冲药柱＋二脉冲点火器）＋轴向隔层 1＋（一脉冲药柱＋一脉冲点火器）＋喷管，N 级脉冲相互连通、依次轴向串联连接。轴向隔层式不同脉冲发动机示意图如图 2-11～图 2-13 所示。

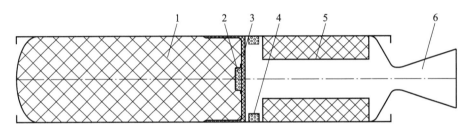

图 2-11　轴向隔层式双脉冲发动机

1—二脉冲药柱；2—二脉冲点火器；3—轴向隔层；4——脉冲点火器；5——脉冲药柱；6—喷管

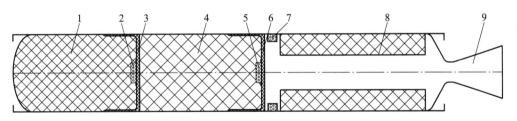

图 2-12　轴向隔层式三脉冲发动机

1—三脉冲药柱；2—三脉冲点火器；3—轴向隔层 2；4—二脉冲药柱；5—二脉冲点火器；6—轴向隔层 1；
7——脉冲点火器；8——脉冲药柱；9—喷管

2.2.2　径向隔层式

典型的径向隔层式双脉冲发动机主要由 2 个脉冲药柱、2 个点火器、1 个径向隔层和 1 个喷管组成，即为（二脉冲药柱＋二脉冲点火器）＋径向隔层＋（一脉冲药柱＋一脉冲点火器）＋喷管，发动机示意图如图 2-14 所示。

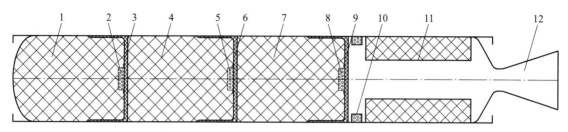

图 2-13　轴向隔层式四脉冲发动机

1—四脉冲药柱；2—四脉冲点火器；3—轴向隔层 3；4—三脉冲药柱；5—三脉冲点火器；6—轴向隔层 2；

7—二脉冲药柱；8—二脉冲点火器；9—轴向隔层 1；10—一脉冲点火器；11——脉冲药柱；12—喷管

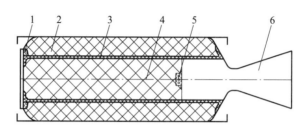

图 2-14　径向隔层式双脉冲发动机

1—二脉冲点火器；2—二脉冲药柱；3—径向隔层；4——脉冲药柱；5——脉冲点火器；6—喷管

2.2.3　轴向＋径向隔层式

典型的轴向＋径向隔层式多脉冲发动机一般由 N 个脉冲药柱、N 个点火器、$N-1$ 个隔层和 1 个喷管组成，即为（N 脉冲药柱＋N 脉冲点火器）＋隔层 $N-1$＋……＋（二脉冲药柱＋二脉冲点火器）＋隔层 1＋（一脉冲药柱＋一脉冲点火器）＋喷管，N 级脉冲相互连通、轴向或径向连接。轴向＋径向隔层式不同脉冲发动机示意图如图 2-15 ～图 2-17 所示。

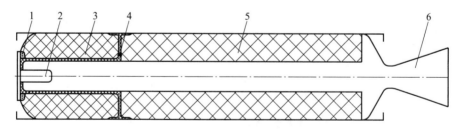

图 2-15　轴向＋径向隔层式双脉冲发动机

1—二脉冲点火器；2—一脉冲点火器；3—二脉冲药柱；4—轴向＋径向隔层；5——脉冲药柱；6—喷管

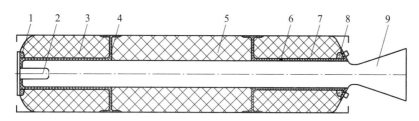

1—三脉冲点火器；2—一脉冲点火器；3—三脉冲药柱；4—（轴向＋径向隔层）2；5—一脉冲药柱；
6—（轴向＋径向隔层）1；7—二脉冲药柱；8—二脉冲点火器；9—喷管

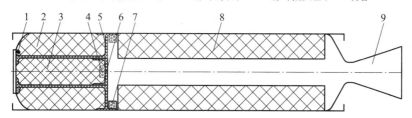

1—三脉冲点火器；2—三脉冲药柱；3—二脉冲端燃药柱；4—二脉冲点火器；5—轴向＋径向隔层；
6—轴向隔层；7—一脉冲点火器；8—一脉冲药柱；9—喷管

图 2-16　轴向＋径向隔层式三脉冲发动机

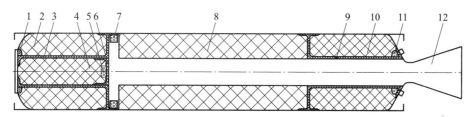

1—四脉冲点火器；2—四脉冲药柱；3—（轴向＋径向隔层）2；4—三脉冲端燃药柱；5—三脉冲点火器；6—轴向隔层；
7—一脉冲点火器；8—一脉冲药柱；9—（轴向＋径向隔层）1；10—二脉冲药柱；11—二脉冲点火器；12—喷管

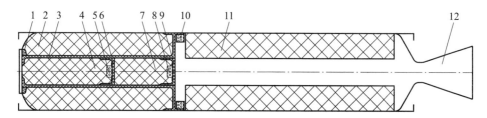

1—四脉冲点火器；2—四脉冲药柱；3—轴向＋径向隔层；4—三脉冲端燃药柱；5—三脉冲点火器；6—轴向隔层2；
7—二脉冲端燃药柱；8—二脉冲点火器；9—轴向隔层1；10—一脉冲点火器；11—一脉冲药柱；12—喷管

图 2-17　轴向＋径向隔层式四脉冲发动机

2.3　混合隔离式多脉冲发动机

混合隔离式多脉冲发动机是指隔离装置类型既有隔层又有隔舱的多脉冲发动机。

2.3.1　轴向隔舱＋隔层式

轴向隔舱＋隔层式混合隔离多脉冲发动机一般由 N 个脉冲燃烧室或药柱、N 个点火器、$N-1$ 个隔离装置（轴向隔舱或隔层）和 1 个喷管组成，即为（N 脉冲燃烧室或药柱＋N 脉冲点火器）＋隔离装置 $N-1$＋……＋（三脉冲燃烧室或药柱＋三脉冲点火器）＋隔离装置 2＋（二脉冲燃烧室或药柱＋二脉冲点火器）＋隔离装置 1＋（一脉冲燃烧室或药柱＋一脉冲点火器）＋共用喷管。轴向隔舱＋隔层式混合隔离三脉冲发动机示意图如图 2-18 所示，四脉冲发动机示意图如图 2-19 所示。

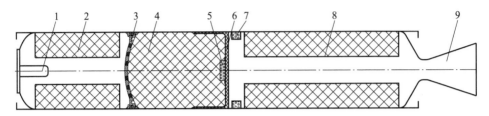

1—三脉冲点火器；2—三脉冲燃烧室；3—轴向隔舱；4—二脉冲药柱；5—二脉冲点火器；
6—轴向隔层；7——脉冲点火器；8——脉冲燃烧室；9—喷管

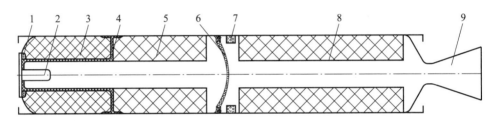

1—三脉冲点火器；2—二脉冲点火器；3—三脉冲药柱；4—轴向＋径向隔层；5—二脉冲药柱；6—轴向隔舱；
7——脉冲点火器；8——脉冲燃烧室；9—喷管

图 2-18　轴向隔舱＋隔层式混合隔离三脉冲发动机

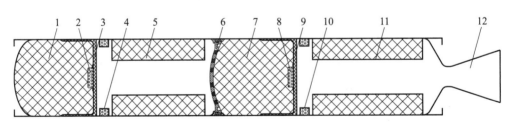

1—四脉冲药柱；2—四脉冲点火器；3—轴向隔舱 2；4—三脉冲点火器；5—三脉冲燃烧室；6—轴向隔舱；7—二脉冲药柱
8—二脉冲点火器 ；9—轴向隔层 1；10——脉冲点火器；11——脉冲燃烧室；12—喷管

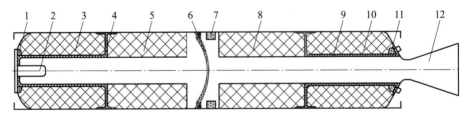

1—四脉冲点火器；2—三脉冲点火器；3—四脉冲药柱；4—（轴向＋径向隔层）2；5—三脉冲燃烧室；6—轴向隔舱；
7——脉冲点火器；8——脉冲燃烧室；9—（轴向＋径向隔层）1；10—二脉冲药柱；11—二脉冲点火器；12—喷管

图 2-19　轴向隔舱＋隔层式混合隔离四脉冲发动机

2.3.2 径向隔舱＋隔层式

径向隔舱＋隔层式混合隔离多脉冲发动机一般由 N 个脉冲燃烧室或药柱、N 个点火器、$N-1$ 个隔离装置（径向隔舱或隔层）和 1 个喷管组成，即为（N 脉冲燃烧室或药柱＋N 脉冲点火器）＋隔离装置 $N-1$＋……＋（三脉冲燃烧室或药柱＋三脉冲点火器）＋隔离装置 2＋（二脉冲燃烧室或药柱＋二脉冲点火器）＋隔离装置 1＋（一脉冲燃烧室或药柱＋一脉冲点火器）＋共用喷管。径向隔舱＋隔层式三脉冲发动机示意图如图 2－20 所示，四脉冲发动机示意图如图 2－21 所示。

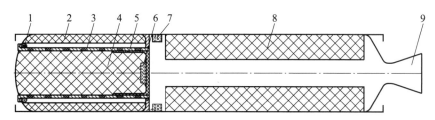

1—三脉冲点火器；2—三脉冲燃烧室；3—径向隔舱；4—二脉冲药柱；5—轴向隔层；
6—二脉冲点火器；7——脉冲点火器；8——脉冲燃烧室；9—喷管

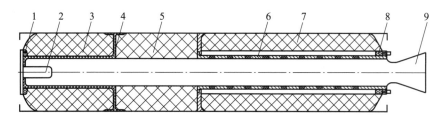

1—三脉冲点火器；2—二脉冲点火器；3—三脉冲药柱；4—轴向＋径向隔层；5—二脉冲燃烧室；
6—径向隔舱；7——脉冲燃烧室；8——脉冲点火器；9—喷管

图 2－20　径向隔舱＋隔层式混合隔离三脉冲发动机

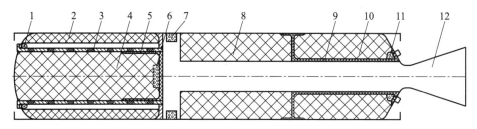

图 2－21　径向隔舱＋隔层式混合隔离四脉冲发动机

1—四脉冲点火器；2—四脉冲燃烧室；3—径向隔舱；4—三脉冲药柱；5—轴向隔层；6—三脉冲点火器；
7——脉冲点火器；8——脉冲燃烧室；9—轴向＋径向隔层；10—二脉冲药柱；
11—二脉冲点火器；12—喷管

2.4 多脉冲发动机工作策略

多脉冲固体发动机的工作策略是指各级脉冲按照一定顺序依次点火工作或者各级脉冲（通常是两级）组合后点火工作的策略，一般包括脉冲顺序工作策略和脉冲组合工作策略。

2.4.1 脉冲顺序工作策略

由于多脉冲固体发动机所采用的隔离方式和隔离类型的多样性，使得发动机各级脉冲的工作顺序可以有不同的策略，这为导弹能量输出顺序策略提供了多种选择，使导弹的能量输出更为灵活，下面举例说明。

示例 1：轴向＋径向隔层式三脉冲发动机，如图 2-22 所示。

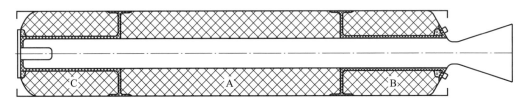

图 2-22　脉冲顺序策略示例 1

该发动机有两种脉冲顺序工作策略：

策略 1：A→B→C。

策略 2：A→C→B。

示例 2：轴向隔舱＋隔层式混合隔离四脉冲发动机，如图 2-23 所示。

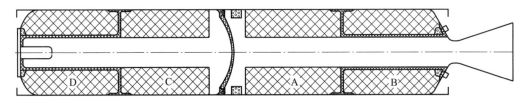

图 2-23　脉冲顺序策略示例 2

该发动机有三种脉冲顺序工作策略：

策略 1：A→B→C→D。

策略 2：A→C→B→D。

策略 3：A→C→D→B。

2.4.2 脉冲组合工作策略

多脉冲固体发动机在工作策略中可以将两级或多级脉冲药柱组合在一起使用，提供短时大推力，使得发动机的能量输出更加灵活多样。由于组合后的燃面增加，会导致工作压强提高、结构质量增加，所以在实际使用中一般只采用两级脉冲组合的方案，且要求其中的一级脉冲药柱燃面尽量小（如端燃药型），这样可以控制组合后脉冲的工作压强、限制消极质量的大幅增加，下面举例说明。

示例 1：轴向＋径向隔层式三脉冲发动机，如图 2-24 所示。

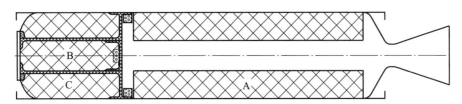

图 2-24　脉冲组合策略示例 1

该发动机有两种工作策略：

策略 1：A→B→C，三脉冲。

策略 2：（A＋B）→C，双脉冲。

示例 2：轴向隔舱＋隔层式混合隔离四脉冲发动机，如图 2-25 所示。

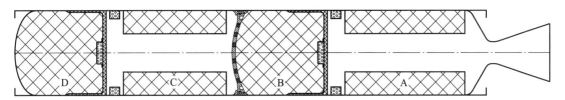

图 2-25　脉冲组合策略示例 2

该发动机有四种工作策略：

策略 1：A→B→C→D，四脉冲。

策略 2：A→B→（C＋D），三脉冲。

策略 3：（A＋B）→C→D，三脉冲。

策略 4：（A＋B）→（C＋D），双脉冲。

示例中（A＋B）组合或（C＋D）组合，均为内孔＋端燃组合，这样的组合一般使得发动机的结构质量增加较小，同时可为导弹提供两种推力方案：单推力（通过燃速调节实现）和双推力。工作时，可以先点燃 B 药柱或 D 药柱，利用药柱燃烧产生的高温燃气（相当于点火小发动机）去引燃 A 药柱或 C 药柱，最终（A＋B）组合或（C＋D）组合同时燃烧工作。

参 考 文 献

［1］ 陈汝训 . 固体火箭发动机设计与研究 （上册）［M］. 北京：宇航出版社，1991.

［2］ 陈汝训 . 固体火箭发动机设计与研究 （下册）［M］. 北京：宇航出版社，1992.

［3］ 鲍福廷，侯晓 . 固体火箭发动机设计［M］. 中国宇航出版社，2016.

［4］ 马亮，韩丽霞，等 . 多维编织复合网软隔舱技术［C］. 2010 年中国航天科技集团公司第四研究院
第四十一研究所 （院科技委）固体火箭发动机技术学术交流会论文集，2010.

［5］ 刘雨，利凤祥，李越森，马亮，等 . 多脉冲固体火箭发动机陶瓷舱盖结构分析［J］. 固体火箭技
术，2008，31（2）：179－183.

［6］ 宋学宇，苑博，马亮 . 双脉冲固体发动机隔层反向打开的数值模拟［C］. 固体火箭推进第 30 届学
术年会暨航天三网第 34 届技术交流会，2013.

［7］ 宋学宇，马亮，苑博 . 双脉冲发动机隔层正向承压与反向打开数值模拟研究［C］. 固体推进技术
及火工品专业组 2013 年会论文集，2013.

［8］ 苑博，马亮，等 . 复合材料分段壳体设计及分析技术探索［C］. 2010 年中国航天科技集团公司第
四研究院第四十一研究所 （院科技委）固体火箭发动机技术学术交流会论文集，2010.

［9］ L J Stadler，P Trouillot，C Rienäcker，et al. The Dual pulse motor for LFK NG［R］. AIAA
2006－4762.

［10］ P Trouillot，D Audri，S Ruiz，et al. Design of internal thermal insulation and structures for the
LFK－NG double－pulse motor［R］. AIAA 2006－4763.

［11］ L J Stadler，S Hoffmann，H Niedermaier. Testing and verification of the LFK NG dual pulse motor
［R］. AIAA 2006－4765.

［12］ L J Stadler，J Huber，et al. The double pulse motor demonstrator MSA［R］. AIAA 2010－6755.

［13］ L J Stadler，S Hoffmann，et al. The flight demonstration of the double pulse motor demonstrator
MSA［R］. AIAA 2010－6756.

第3章 多脉冲发动机总体设计技术

多脉冲发动机总体设计是根据导弹总体（或用户）提出的发动机研制任务书中的各项技术指标，进行发动机的总体方案设计，包括发动机主要结构及隔离装置类型的选取、各级脉冲能量分配及发动机总体性能参数优化等，并将总体设计参数和各项技术指标合理分解，落实到发动机的各个部组件，协调进行各部组件的设计。

多脉冲发动机总体设计的主要依据是导弹总体提出的发动机研制任务书，主要包含以下几方面内容：

1）几何尺寸及结构协调要求。包括外径，总长，前、后裙长度，裙间距，喷管出口最大外径，后裙端面至喷管出口端面距离，外部零件及有关与弹体各舱段连接结构协调尺寸等。

2）性能指标。包括总冲 I（或比冲 I_s 和推进剂质量 m_p），发动机总质量 m_0，质量比 λ，一脉冲平均推力 $\overline{F}_1$，一脉冲工作时间 t_{a1}，二脉冲平均推力 $\overline{F}_2$，二脉冲工作时间 t_{a2}，……，推力加速性（达到某一预定推力值的时间），点火延迟时间 t_{ig}，喷管摆角及摆动特性，可靠性指标等。

3）载荷条件。包括最大轴向及横向过载，轴拉、轴压、弯矩、剪切及振动冲击等载荷。

4）环境条件。包括工作温度，环境温度，贮存条件，贮存期。

本章仅介绍多脉冲发动机相关的发动机总体设计技术内容。

3.1 多脉冲发动机结构形式及选择

3.1.1 发动机

第2章中介绍了多脉冲固体发动机的典型结构，包括隔舱式多脉冲发动机、隔层式多脉冲发动机和混合隔离式多脉冲发动机。在多脉冲发动机总体设计时，具体采用什么样的发动机结构形式，应根据具体问题进行具体分析，一般应遵循以下选取原则。

（1）根据脉冲数量进行选择

多脉冲发动机的结构形式应根据脉冲数量进行选择，需要综合考虑脉冲数量对导弹能量管理的贡献和发动机结构复杂性带来的可靠性降低、消极质量增加的影响。发动机脉冲数量一般由导弹总体给定。

①导弹作战使用需求

对于大多数常规战术导弹，双脉冲发动机基本可以满足导弹的作战使用需求。对于远程或中远程战术导弹，需要增加一次续航或者变轨能力，可以采用三脉冲发动机。因此，发动机具备 2~3 个脉冲能力，一般就能够满足导弹的使用需求，举例如下。

防空反导：助推—拦截（双脉冲），助推—续航—拦截（三脉冲）

空空导弹：助推—攻击（双脉冲），助推—续航—攻击（三脉冲）

地地导弹：助推—突防（双脉冲），助推—跳跃—突防（三脉冲）

②发动机结构可靠性

一方面，发动机的脉冲数量越多，发动机可输出的能量次数就越多，发动机的能量管理就越灵活，越有利于实现导弹飞行弹道的最优控制和发动机能量的最优管理。

另一方面，发动机的脉冲数量越多，发动机结构就越复杂，需要多套隔离装置、多套点火器及多处连接、密封结构，导致发动机结构质量增加、可靠性降低。

综上所述，关于多脉冲发动机的脉冲数量，需要综合考虑导弹作战使用需求和发动机结构复杂性、可靠性，原则上发动机的脉冲数量最好不要超过 3 个，尽量选择双脉冲或三脉冲，以简化发动机结构、提高工作可靠性。

（2）根据隔离装置类型进行选择

隔离装置是多脉冲发动机的核心部件，主要包括隔舱和隔层。

隔舱为一种刚性硬隔离方式，将发动机分隔成多个舱段，每个舱段形成一个独立的脉冲燃烧室，具有安装操作简便、气密可检测性好、工作可靠性高、使用维护方便、出现问题易更换等优点，但隔舱的结构相对复杂、质量相对较大，一般适宜于直径小于 300 mm、质量比小于 0.70 的发动机使用。

隔层为一种柔性软隔离方式，将燃烧室内的药柱分隔成几部分，隔层本身不作为独立的承载构件，需要借助下一脉冲的药柱与绝热壳体共同承担上一脉冲的工作压强，具有结构简单、尺寸大小不受限、密度小、质量小、热导率低、热防护性能好等优点，但隔层的气密可检测性较差、使用维护不方便、出现问题不易更换，尤其是隔层材料的玻璃化温度一般较高，导致隔层低温环境下的工作可靠性不高。因此，隔层一般适宜于直径大于 300 mm、质量比大于 0.70 的发动机使用。

综上所述，对于直径小于 300 mm、质量比小于 0.70 的多脉冲发动机，建议优先选用隔舱结构。对于直径大于 300 mm、质量比大于 0.70 的多脉冲发动机，建议优先选用隔层结构。

（3）根据发动机几何尺寸及综合性能进行选择

多脉冲发动机的结构形式应根据发动机几何尺寸及综合性能进行选择。发动机结构应紧凑，充分利用有效空间、减小弹体尺寸，减小发动机的结构质量。

发动机几何尺寸包括外径，总长，前、后裙长度，裙间距，喷管出口最大外径，后裙端面至喷管出口端面距离，外部零件及有关与弹体各舱段连接结构等。

发动机性能要求包括总冲 I（或比冲 I_s 和推进剂质量 m_p），总质量 m_0，质量比 λ，一脉冲平均推力 $\overline{F}_1$，一脉冲工作时间 t_{a1}，二脉冲平均推力 $\overline{F}_2$，二脉冲工作时间 t_{a2}，……，推力加速性（达到某一预定推力值的时间），点火延迟时间 t_{ig}，喷管摆角及摆动特性，可靠性指标等。

（4）根据发动机工艺性、经济性等要求进行选择

多脉冲发动机结构形式的选择应综合考虑发动机工艺性和经济性。发动机应具有良好的工艺性，易于加工、操作、装配和检测；同时，发动机应具有良好的经济性，能够降低研制费用、缩短研制周期。

3.1.2　隔离装置

3.1.2.1　隔舱

（1）隔舱类型

隔舱是隔舱式多脉冲发动机的核心部件，位于两级舱体之间，常用的有易碎陶瓷隔舱、金属膜片隔舱、蜂窝塞隔舱、多维编织复合网隔舱等。

①易碎陶瓷隔舱

易碎陶瓷隔舱主要由陶瓷隔舱和隔板支座组成，陶瓷隔舱设计为球冠形，凸面朝向一脉冲燃烧室，利用陶瓷材料具有较高压缩/拉伸强度比的特性，来实现陶瓷隔舱的正向承压和反向受拉破坏。

②金属膜片隔舱

金属膜片隔舱主要由多孔隔板和金属膜片组成，在金属膜片表面设计有预制应力槽。一脉冲工作期间，依靠金属膜片和多孔隔板共同承载。二脉冲工作期间，燃气通过隔板上的多孔直接作用于金属膜片，使得金属膜片单独承载而产生较大的变形，并沿预制应力槽迅速撕开。

③蜂窝塞隔舱

蜂窝塞隔舱主要由多孔隔板和相应孔数的塞子组成。一脉冲工作期间，依靠多孔隔板和塞子共同承载。二脉冲工作期间，高压燃气将塞子从隔板上挤出，从而形成燃气通道。

④多维编织复合网隔舱

多维编织复合网隔舱主要由多维编织复合网和花瓣状碳布铺层组成，其结构与工作原理与金属膜片隔舱相似，即用多维编织复合网代替多孔隔板，用碳布铺层代替金属膜片，这样使得隔舱的结构质量大幅减小，特别适合较大尺寸的多脉冲固体火箭发动机使用。

（2）隔舱设计要求

在前级脉冲工作期间，隔舱主要起承载、隔热和密封作用，在后级脉冲点火冲击作用下，隔舱应能够迅速破碎或者可靠打开，因此隔舱的主要设计要求如下：

1）正向承载能力：$P_{正向} \geqslant 1.5 P_{1max}$。

2）反向打开压强：$P_{反向} = 2 \sim 4$ MPa。

3）破口面积：$A_{破口} \geqslant 2A_t$。

其中，P_{1max} 为一脉冲最大工作压强，A_t 为喷管喉部面积。

（3）隔舱选用的一般原则

①根据导弹总体对发动机的具体要求进行选择

例如，对于空空导弹，总体要求发动机工作时不能有异物飞出，这种情况下就不能选

用易碎陶瓷隔舱或蜂窝塞隔舱。

②根据发动机结构特点进行选择

例如，对于直径较大、质量比要求较高的多脉冲发动机，可以优先选用多维编织复合网隔舱。

③根据设计单位对各类别隔舱关键技术的掌握程度进行选择

例如，设计单位对某种类型的隔舱研究比较透彻，各项试验比较充分，技术相对成熟，并已在多个发动机中得到应用，则最好采用该类型隔离装置。

3.1.2.2 隔层

隔层是隔层式多脉冲发动机的核心部件，位于两级脉冲药柱之间，将两级脉冲药柱物理隔离，常用的有轴向隔层和轴向＋径向隔层。

（1）隔层材料

隔层通常采用橡胶类隔热材料，一般以橡胶为基体，适当添加白炭黑、阻燃剂、硫化剂、工艺助剂等成分，通过配方调整，在满足力学性能的条件下，进一步降低材料密度和玻璃化温度，同时适当增加配方中阻燃剂比例，阻止或抑制前级脉冲工作及脉冲间隔期隔层材料的燃烧，提高材料的隔热和抗烧蚀性能。隔层材料主要性能要求如下：

①突出的变形协调性

隔层材料必须具有较高的快速拉伸断裂伸长率，以满足隔层随药柱的变形协调，确保隔层结构的完整性。

②较好的破坏一致性

隔层材料必须具有一定的抗拉强度和较小的强度波动范围，以满足隔层打开压强及波动性要求，确保隔层破坏打开的一致性。

③较好的热防护性能

隔层材料必须要有较低的导热系数和较高的抗烧蚀性能，以抑制燃气高温的热传导，确保后级脉冲药柱与点火器的安全性。

④较宽的温度适应性

隔层要能够适应 $-40 \sim +60\ ℃$ 的宽温工作环境要求，特别是低温 $-40\ ℃$ 条件，要求隔层材料必须具有较低的玻璃化温度，以满足低温 $-40\ ℃$ 的工作环境要求。

⑤较好的成型工艺性

隔层材料必须要有较好的成型工艺性，以提高产品的生产效率及合格率。

⑥较小的质量

隔层材料需要有较小的密度，以减小消极质量，提高发动机质量比。

（2）隔层设计要求

1）正向承载能力（依靠后级药柱及绝热壳体）：$P_{正向} \geqslant 1.3 P_{前 max}$。

2）反向打开压强：$P_{反向} = 0.5 \sim 1.5\ \text{MPa}$。

3）打开破口面积：$A_{破口} \geqslant 2A_t$。

4）适应温度范围：$-40 \sim +60\ ℃$。

其中，$P_{前\max}$ 为前级脉冲最大工作压强，A_t 为喷管喉部面积。

（3）隔层结构设计

①轴向隔层

轴向隔层采用头帽状结构，与端燃包覆药柱配合粘接，沿发动机轴向将药柱物理隔离，主要起绝热和密封作用，同时隔层可与包覆药柱一起自由伸缩，解决了二者之间的变形协调问题。

轴向隔层主要由柱段和底部构成，采用整体模压成型工艺或整体注塑成型工艺。柱段的内径与包覆药柱外径相互配合，通过常温固化体系胶粘剂粘接为一体。底部采用中心薄、边缘厚的变厚度设计，内侧与包覆药柱端面相匹配，外侧设计有从中心向周边辐射的多条相同深度的划槽，作为隔层的预制削弱槽，确保在后级脉冲高压燃气作用下，隔层从中心开始沿削弱槽撕开，呈花瓣状翻转并逐渐烧蚀掉。

②轴向＋径向隔层

轴向＋径向隔层主要由轴向隔层和径向隔层组成。

轴向隔层的大端与绝热壳体粘接，径向隔层的前端与隔层顶盖（钛合金材料）模压为一体，通过法兰与壳体前接头连接。这样就形成了一个完整的、密闭的轴向＋径向隔层，将后级脉冲药柱完全包裹隔离，在一脉冲工作期间起绝热和密封作用。

隔层采用变厚度设计，隔层上预设薄弱部位。在二脉冲高压燃气作用下，隔层从该预设薄弱部位受拉断裂，柔性翻转后打开，并逐渐烧蚀掉。

3.1.3　燃烧室

3.1.3.1　壳体

（1）壳体材料

壳体材料应根据多脉冲固体发动机的类型、总体结构及布局、脉冲数量、隔离方式、质量比等要求进行选取，应尽量选用工艺成熟和廉价的材料。

常用的金属材料有高强度钢 25CrMnSiA、30CrMnSiA，超高强度钢 D406A、D406B、28Cr3SiNiMoWVA、37SiMnCrNiMoVA、45NiCr1VA、18Ni 马氏体失效钢（C250），超高强度铝合金 7A09、LC4、LY12，高强度钛合金 TC11 等。

常用的复合材料有玻璃纤维、有机纤维（凯芙拉 - 49、F - 12）、碳纤维（T - 700、T - 800）、PBO 纤维等。

（2）壳体结构

壳体最好采用分段式结构，每段壳体对应于一级脉冲，这种结构既便于隔离装置的安装、检测、维修或更换，也利于各级脉冲燃烧室的绝热和装药，简化了各级脉冲燃烧室的制造工艺，各段壳体之间一般通过螺纹、卡环、径向销钉等方式进行连接。

对于复合材料壳体，长细比较大的最好采用分段式结构，长细比较小的可以采用整体式结构，需要采用复合材料壳体分级装药或带药缠绕复合材料壳体成型等特殊工艺技术，这部分内容将在后续章节中详细介绍。

（3）壳体壁厚设计

①隔舱式结构

对于隔舱式结构，每级脉冲壳体的壁厚依据本级脉冲与后级脉冲的最大压强，从后级往前级依次进行设计。以三脉冲发动机为例：

三脉冲壳体壁厚 h_3：按照三脉冲最大工作压强 P_{3max} 进行设计。

二脉冲壳体壁厚 h_2：按照二脉冲和三脉冲两者的最大工作压强 $P_{max}(P_{2max}, P_{3max})$ 进行设计。

一脉冲壳体壁厚 h_1：按照一脉冲、二脉冲和三脉冲三者的最大工作压强 $P_{max}(P_{1max}, P_{2max}, P_{3max})$ 进行设计。

这里有一种特殊情况，即当 $P_{1max} > P_{2max} > P_{3max}$ 时，每级脉冲壳体可分别依据各自脉冲的最大压强进行壁厚设计，依壳体壁厚计算公式 $h = \dfrac{k_b r_c P_{max}}{k_\beta \sigma_b}$ ，有 $h_1 > h_2 > h_3$ ，各级脉冲壳体采用不同壁厚设计，相应地减小了壳体的总质量，这一点与隔层式多脉冲发动机不同。

②隔层式结构

对于隔层式结构，由于各级脉冲燃烧室之间相互连通，因此各级脉冲壳体壁厚均需要按照各级脉冲中的最大工作压强 $P_{max}(P_{1max}, P_{2max}, P_{3max})$ 进行设计，各级脉冲壳体壁厚相同，即 $h_1 = h_2 = h_3$ ，导致壳体的结构质量要相对大一些。

3.1.3.2　绝热层

（1）绝热层材料

绝热层是燃烧室热防护的重要构件，粘贴于壳体内表面，用于防止壳体过热而失强破坏。常用的绝热层材料有丁腈橡胶（如 TI-502、9621 等）、三元乙丙橡胶（EPDM）、石棉酚醛树脂类（如 5-Ⅲ）和碳毛板等。

由于前级脉冲燃烧室是后级脉冲工作的燃气通道，需要经受多次间歇式高温高压燃气的冲刷，因此对前级脉冲燃烧室的热防护提出了更高的要求。前级脉冲燃烧室通常采用软质＋硬质的复合绝热结构，通过硬质材料提高绝热层的抗冲刷能力，借助软质材料发挥绝热层的热防护能力。后级脉冲燃烧室的热防护压力通常较小，可以只选用单一的软质绝热材料。

（2）绝热层设计

绝热层设计与多脉冲发动机工况（脉冲次数、工作压强、工作时间、脉冲间隔时间、飞行过载等）和绝热层材料性能密切相关，下面以双脉冲发动机为例进行介绍。

一脉冲工作期间：一脉冲绝热层的烧蚀与常规的单脉冲发动机相同。绝热层随着一脉冲装药燃面的推移而逐渐暴露，依据绝热层各部位暴露时间进行相应的绝热层设计，并对一脉冲飞行过载引起的粒子冲刷严重部位进行局部加厚补强。

脉冲间隔期：一脉冲工作结束后的余热，即后效加热，使得一脉冲绝热层继续炭化和热解，绝热层炭化和热解的厚度主要与燃气温度、脉冲间隔时间等因素有关。

二脉冲工作期间：一脉冲绝热层成为二脉冲的燃气通道，受到二脉冲燃气的冲刷，使得一脉冲绝热层的烧蚀进一步加重。二脉冲绝热层的烧蚀与常规单脉冲发动机相同，依据二脉冲绝热层各部位暴露时间进行相应的绝热层设计。同时，对于飞行过载引起的粒子冲刷部位和残留隔舱引起的燃气涡流烧蚀部位，应进行绝热层局部加厚补强。

综上所述，一脉冲绝热层热防护设计不但要考虑一脉冲工作期间的烧蚀，还要考虑脉冲间隔期间绝热层的后效炭化、二脉冲工作期间的燃气冲刷，并对飞行过载引起的粒子冲刷部位和残留隔舱引起的涡流冲刷部位进行局部加厚，一脉冲绝热层设计厚度为

$$\sigma_1 = \sigma_{1脉冲烧蚀} + \sigma_{1脉冲过载烧蚀} + \sigma_{2脉冲烧蚀} + \sigma_{2脉冲过载烧蚀} + \sigma_{涡旋烧蚀} + \sigma_{剩余厚度}$$

二脉冲绝热层烧蚀与常规单脉冲发动机相同，绝热层可根据二脉冲装药燃面推移暴露时间、二脉冲飞行过载作用部位进行变厚度设计，二脉冲绝热层设计厚度为

$$\sigma_2 = \sigma_{2脉冲烧蚀} + \sigma_{2脉冲过载烧蚀} + \sigma_{剩余厚度}$$

3.1.3.3　装药

（1）推进剂选择

推进剂的选择需要综合考虑推进剂的能量水平、力学性能、燃烧特性（包括燃速、压强指数、燃烧稳定性等）、贮存性能、安全性能、工艺性能和经济成本等要求，常用的复合推进剂有 HTPB 类（三组元、四组元）中能推进剂、N15 类高能推进剂、HTPE 类低易损推进剂等。

（2）药型设计

对于隔舱式多脉冲发动机，由于每级脉冲燃烧室均为一个独立的舱段，因此装药药型不受限制，设计更加灵活，这一点与隔层式多脉冲发动机不同。具体药型可根据发动机的结构和性能进行设计，常用的药型有内燃管型、内燃开槽管型、星孔型、车轮型、翼柱型、球型、端燃型、端燃嵌金属丝型等。

对于隔层式多脉冲发动机，装药药型的设计需要与隔层型面相匹配，这一点与隔舱式多脉冲发动机不同。对于轴向隔层结构，装药只能采用端燃或嵌银丝端燃药型，药柱端面必须与轴向隔层型面相匹配。对于轴向＋径向隔层结构，装药一般设计为内孔＋端燃药型，以便与轴向＋径向隔层型面相匹配，药柱的长径比最好介于 0.8～1.3 之间，这样可以使药柱的燃面近似恒面。

3.1.4　喷管

（1）喷管类型

喷管的类型选取一般不受限制，可根据设计需要选用固定喷管或摆动喷管（柔性喷管、球窝喷管、珠承喷管）、长尾喷管或非长尾喷管、潜入喷管或非潜入喷管、延伸喷管或非延伸喷管、单喷管或多喷管。

（2）喷管材料

收敛段绝热层和倒锥绝热层均采用模压碳/酚醛。喉衬与背壁绝热层粘在一起，形成喉衬组件，喉衬采用毡基 C/C 或多维轴编 C/C 材料，背壁绝热层采用模压碳/酚醛。扩张

段绝热层采用高硅氧布/酚醛、碳布/酚醛复合缠绕。连接件壳体采用高强度钢（30CrMnSiA、D406A）、钛合金或铝合金材料。

（3）喷管结构

多脉冲发动机共用同一喷管，需要经受多次间歇式热载荷冲击，直接影响喉衬组件的性能保持能力、喉衬和背壁界面的密封可靠性和喷管的热结构完整性，因此需要对喷管进行特殊的结构设计。

喷管采用倒锥结构、双向间隙设计，可以消除长脉冲间隔期组件界面间热解气体对喉衬的影响，释放组件内部热应力，限制喉衬向燃烧室的轴向串动，确保喷管在长脉冲间隔及多次热载荷冲击下的热结构完整性。喷管主要由收敛段绝热层、倒锥绝热层、喉衬组件、扩张段绝热层及连接壳体等零部件组成。

喷管结构件按照三级脉冲中最大的工作压强 P_{max}（P_{1max}，P_{2max}，P_{3max}）进行设计。

3.1.5　点火器

多脉冲发动机常用的点火器主要有篓式点火器和药盒式点火器，按照外形可分为柱形点火器和环形点火器，按照烧蚀情况可分为不可消融点火器、可消融点火器和可燃点火器。

篓式点火器主要由顶盖体、篓式药盒、点火药和钝感电发火元件组成，具有点火加速性好、工作可靠性高、使用安全性好等优点，常用于隔舱式发动机，安装在壳体前开口或隔舱中心开口处。

药盒式点火器主要由可燃式药盒、点火药和钝感电发火元件组成，具有结构简单、点火延迟时间短、可燃不堵塞喷管等优点，常用于隔层式发动机，粘接于药柱与隔层之间。

环形点火器主要由环形药盒、点火药和钝感电发火元件组成，常用的有不可消融和可燃两种类型，在隔层式或隔舱式发动机中均可使用。

3.2　多脉冲发动机主要设计参数的选取

3.2.1　各级脉冲能量分配

各级脉冲的能量分配，也就是各级脉冲的总冲之比，以三脉冲发动机为例，即

$$I_1 : I_2 : I_3 = F_1 t_{a1} : F_2 t_{a2} : F_3 t_{a3}$$

式中，F_1 为一脉冲推力，t_{a1} 为一脉冲工作时间；F_2 为二脉冲推力，t_{a2} 为二脉冲工作时间；F_3 为三脉冲推力，t_{a3} 为三脉冲工作时间，这些设计参数通常由导弹总体给定。

这里有两种特殊情况需要讨论：

1）当 $F_1 = F_2 = F_3$ 时，$I_1 : I_2 : I_3 = t_{a1} : t_{a2} : t_{a3}$，各级脉冲的能量分配表现为各级脉冲的工作时间分配，根据推力公式 $F = \eta C_f P_c A_t$，有 $P_1 \approx P_2 \approx P_3$，各级脉冲按照最大工作压强进行设计，此时发动机的综合能量水平最高。

2）当 $t_{a1} = t_{a2} = t_{a3}$ 时，$I_1 : I_2 : I_3 = F_1 : F_2 : F_3$，各级脉冲的能量分配表现为各级脉

冲的平均推力分配，若 $F_1 > F_2 > F_3$，则有 $P_1 > P_2 > P_3$，各级脉冲按照各自最大压强分别进行结构设计，此时隔舱式发动机的结构质量最小。

3.2.2　设计高度及对应的环境压强

由于多脉冲发动机共用同一喷管，而每级脉冲的工作高度又不尽相同，因此发动机的最佳设计高度需要根据各级脉冲的能量分配水平加权平均后得到，以确保最佳平均膨胀比优先匹配能量较高的脉冲。以三脉冲发动机为例：

一脉冲环境平均压强为

$$\overline{P_{a1}} = \frac{\int_0^{t_{a1}} P_{a1} \mathrm{d}t}{t_{a1}}$$

二脉冲环境平均压强为

$$\overline{P_{a2}} = \frac{\int_{t_{a1}}^{t_{a2}} P_{a2} \mathrm{d}t}{t_{a2} - t_{a1}}$$

三脉冲环境平均压强为

$$\overline{P_{a3}} = \frac{\int_{t_{a2}}^{t_{a3}} P_{a3} \mathrm{d}t}{t_{a3} - t_{a2}}$$

最佳环境平均压强为

$$\overline{P_a} = \frac{\overline{P_{a1}} \cdot I_1 + \overline{P_{a2}} \cdot I_2 + \overline{P_{a3}} \cdot I_3}{I_1 + I_2 + I_3}$$

通过查表，可以得到相应的最佳设计高度 h 值。

3.2.3　工作压强

从 3.2.1 节的两种特殊情况分析可以看出，为了满足各脉冲发动机的总冲要求，选择一脉冲发动机的平均工作压强是至关重要的。

随着发动机的工作压强的增加，发动机的消极质量和发动机的比冲都是增加的，而在总冲不变的情况下，比冲的增加又可以减少装药量。因此，设计时应尽量减小消极质量。在使推进剂能量得到充分利用的同时使发动机消极质量尽量小，以使发动机冲质比 $\lambda_{mi} = I/m_i$ 达到最大。

一脉冲发动机按环境压强 $\overline{P_{a1}}$ 进行设计。在设计高度上发动机比冲与压强存在以下关系

$$I_s = \sqrt{\frac{2k}{k-1} R T_0 \left[1 - \left(\frac{P_e}{P_c} \right)^{\frac{k-1}{k}} \right]}$$

式中，k 为比热比；R 为燃烧产物气体常数；T_0 为燃烧室出口处的总温；P_e 为喷管出口截面处压强。

若燃烧室压强增大，则比冲增大。比冲与燃烧室压强的关系曲线如图 3-1 所示。

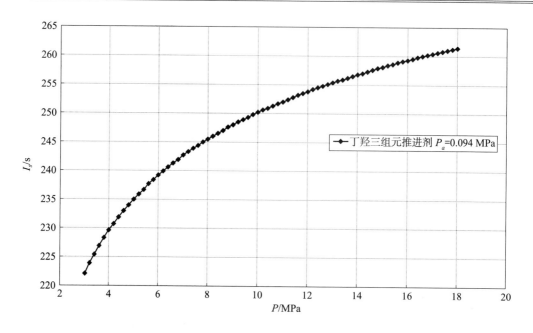

图 3-1　比冲与燃烧室压强的关系曲线

在总冲一定时，一方面，提高工作压强，使比冲提高，推进剂质量减小，使发动机质量减小。另一方面，随着工作压强的提高，发动机结构质量增加。因此存在一个"最佳工作压强"，使发动机冲质比最大，即

$$\left(\frac{\mathrm{d}m_i}{\mathrm{d}P_c}\right)_I = 0 \tag{3-1}$$

$$m_i = m_c + m_n + m_{ig} + m_p + m_s$$

式中，m_c 为壳体质量；m_n 为喷管质量；m_{ig} 为点火装置质量；m_p 为推进剂质量；m_s 为隔离装置质量。

喷管和隔离装置质量与工作压强关系不大，点火装置质量与工作压强几乎无关，可以不考虑它们随压强的变化，于是式（3-1）可写为

$$\left(\frac{\mathrm{d}m_c}{\mathrm{d}P_c} + \frac{\mathrm{d}m_p}{\mathrm{d}P_c}\right)_I = 0 \tag{3-2}$$

由于 $m_p = I/I_s$，有 $\left(\dfrac{\mathrm{d}m_p}{\mathrm{d}P_c}\right)_I = -\dfrac{I}{I_s^2}\dfrac{\mathrm{d}I_s}{\mathrm{d}P_c} = -\dfrac{m_p}{I_s}\dfrac{\mathrm{d}I_s}{\mathrm{d}P_c}$，代入式（3-2），得到

$$\frac{1}{m_p}\left(\frac{\mathrm{d}m_c}{\mathrm{d}P_c}\right)_I - \frac{1}{I_s}\frac{\mathrm{d}I_s}{\mathrm{d}P_c} = 0 \tag{3-3}$$

通过作图法，给出一组 P_c 值，分别算出壳体质量和推进剂质量，绘制 $m_c - P_c$ 和 $m_p - P_c$ 曲线，再将它们叠加，绘制 $(m_c + m_p) - P_c$ 曲线，此曲线上极小值对应的压强即为式（3-3）的解，如图 3-2 所示。

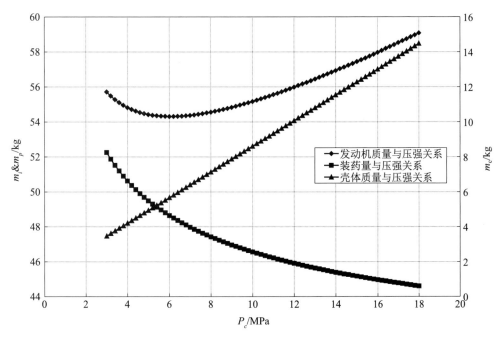

图 3 - 2　发动机质量与燃烧室压强的关系曲线

3.2.4　最佳膨胀比

发动机比冲由下式确定

$$I_s = \eta \cdot C_f \cdot C^*$$　　　　　　　　(3 - 4)

式中，C^* 表征推进剂特性；C_f 表征喷管特性。

影响 C^* 的因素有：推进剂种类、发动机工作压强及药柱结构形式。影响 C_f 的因素有：喷管扩张比、喷管内燃气比热比。

推进剂特性 C^* 的确定有两种方式：1）根据以往同类发动机的实测值；2）根据选定推进剂的配方进行热力计算，计算结果要乘以特征速度的效率（0.98～0.99）。

η 为冲量损失系数，$\eta = \eta_c \cdot \eta_n$，取 0.915；

η_c 为燃烧室质量系数，取 0.99；

η_n 为喷管质量系数，取 0.924；

I_{sp} 为发动机实际比冲；

C^* 为理论特征速度；

C_f 为理论推力系数。

理论推力系数表达式为

$$C_f = \Gamma \cdot \sqrt{\frac{2k}{k-1}\left[1 - \left(\frac{P_e}{P_c}\right)^{\frac{k-1}{k}}\right]} + \frac{A_e}{A_t} \cdot \left(\frac{P_e}{P_c} - \frac{P_a}{P_c}\right)$$　　　　(3 - 5)

式中，Γ 为燃气比热的函数；k 为比热比；P_e 为喷管出口平均压强；P_a 为环境大气压强。

压强比 P_e/P_c 可由下式迭代计算得到

$$\frac{A_e}{A_t} = \frac{\Gamma}{\left(\dfrac{P_e}{P_c}\right)^{\frac{1}{k}} \cdot \sqrt{\dfrac{2k}{k-1}\left[1-\left(\dfrac{P_e}{P_c}\right)^{\frac{k-1}{k}}\right]}} \qquad (3-6)$$

计算可以得到最佳平均膨胀比。

3.2.5 平均喉径

在发动机平均膨胀比给定的情况下，有

$$F = \eta_n \cdot C_f \cdot P_c \cdot A_t \qquad (3-7)$$

式中，F 为一脉冲发动机推力；η_n 为喷管冲量损失系数；P_c 为一脉冲平均工作压强；A_t 为工作过程中平均喉部面积；C_f 为理论推力系数。

计算可以得到平均喉径。

3.3　多脉冲发动机总体性能优化设计

多脉冲发动机的优化是针对多个脉冲优化联合开展的，需要选取合适的多变量有约束的优化方法，求解满足特定约束的最优化问题。通过建立的发动机壳体、绝热层、药柱、隔离装置及喷管的质量方程，以及地试产品性能数据回归能量方程，在一定的约束条件下，按上述方法对发动机工作参数进行寻优。

3.3.1　优化准则和目标函数

3.3.1.1　优化准则

对于定容发动机，发动机的质量与总冲量之比尽可能小，是应用十分广泛的优化准则。其优点是在发动机参数寻优过程中，可避免复杂的导弹轨道性能计算。目前大部分战术导弹的发动机初步设计仍用此准则寻优。

3.3.1.2　目标函数

在满足给定的发动机容积（直径和长度）条件下，发动机的质量与总冲量之比尽可能小。因此表达式为

$$\left.\begin{array}{l} f(\boldsymbol{x}) = \left(\dfrac{m_p(\boldsymbol{X}) + m_{oc}(\boldsymbol{X})}{m_p(\boldsymbol{X}) \cdot I_s(\boldsymbol{X})}\right) \\[2mm] \min f(\boldsymbol{X}), \boldsymbol{X} = (x_1, x_2, \cdots, x_n)^{\mathrm{T}}, X \in \mathrm{R}^n \\[2mm] \text{s.t. } L_m(\boldsymbol{X}) = \mathrm{const} \\[2mm] \text{s.t. } D_m(\boldsymbol{X}) = \mathrm{const} \end{array}\right\} \qquad (3-8)$$

式中，m_p 为发动机装药量；m_{oc} 为发动机消极质量；I_s 为发动机比冲。

3.3.2　设计变量

在通常的总体优化设计中，考虑的设计变量过多，往往使目标函数的表达式过于烦

琐，同时涉及部件的一些变量不应该在总体优化中体现。下面通过建立发动机质量方程和比冲方程，确定发动机总体的设计变量。

3.3.2.1　比冲方程

以丁羟三组元推进剂为基础，通过统计、计算多种发动机实测比冲与发动机长径比、压强、喉径、扩张比的关系，针对地面或高空工作两种状态进行比冲回归方程的计算。

地面发动机比冲回归方程如下

$$I_s = 1\ 886.35 \cdot \lambda^{0.022\,53} \cdot P_c^{0.055\,2} \cdot D_t^{0.012\,36} \cdot \varepsilon^{0.015\,26} \qquad (3-9)$$

高空发动机比冲回归方程如下

$$I_s = 2\ 098.34 \cdot \lambda^{-0.013\,15} \cdot P_c^{0.029\,58} \cdot D_t^{0.015\,8} \cdot \varepsilon^{0.045\,87} \qquad (3-10)$$

3.3.2.2　质量方程

质量方程的建立是依据现有发动机直径、长度，并适当加宽产品尺寸范围构建质量回归模型。其中，模型选用金属壳体，绝热层以丁睛橡胶材料为主，根据体积装填份数确定装药量，喷管分为非潜锥形喷管和潜入特型喷管，不考虑点火装置及其他部件。

（1）壳体质量

适用范围：金属材料，直径 D_c 为 100～2 000 mm，赤道长度 L_c 为 100～7 000 mm，壳体壁厚 δ 为 1.1～5.2 mm。壳体建模参数见表 3-1。

表 3-1　壳体建模参数表

前开口尺寸	后开口尺寸	裙高度	裙厚度
$0.2D_c$	$0.3D_t$	固定值	$3d$

根据统计结果得到壳体质量回归模型方程如下

$$m_c = 1.05 \times 10^{-4} \cdot D_c^{1.235\,2} \cdot L_c^{0.667\,1} \cdot \delta^{0.981\,8} \qquad (3-11)$$

再根据壁厚与最大压强的关系，最大压强与平均压强的关系，推导出壳体质量与平均压强的关系为

$$\delta_{\min} = f_c \cdot P_{c\max} \cdot D_c / (2\varphi_c \cdot \sigma_b) \qquad (3-12)$$

$$\delta = \delta_{\min} + \Delta \qquad (3-13)$$

$$m_c = 1.05 \times 10^{-4} \cdot D_c^{1.235\,2} \cdot L_c^{0.667\,1} \cdot \delta^{0.981\,8} \qquad (3-14)$$

针对

$$P_{c\max} = [\eta_r \cdot \eta_{pb} \cdot e^{\tau_T (T_{\max} - T_b)}]^{\frac{1}{1-n}} \cdot P_c$$

取 $\eta_r = 1.039$，$\eta_{pb} = 1.1$，$\tau_T = 0.001\,4$（1/℃），$n = 0.33$，$T_{\max} = 45$ ℃，$T_b = 25$ ℃，则

$$P_{c\max} = 1.272\,7P_c$$

取 $f_c = 1.26$，$\sigma_b = 1\ 100$ MPa，$\varphi_c = 1.15$，$\Delta = 0.2$，$\delta = \delta_{\min} + \Delta$ 等同于 $\delta = 1.05\delta_{\min}$。

$$\delta_{\min} = 6.34 \times 10^{-4} \cdot P_c \cdot D_c$$

$$\delta = 6.655 \times 10^{-4} \cdot P_c \cdot D_c$$

$$m_c = 7.983 \times 10^{-8} \cdot D_c^{2.217} \cdot L_c^{0.667} \cdot P_c^{0.982} \qquad (3-15)$$

（2）绝热层质量

绝热层建模时各参数取值范围见表 3-2。

表 3-2 绝热层建模时各参数取值范围

外径/mm	赤道间距/mm	筒段等效厚度范围/mm	前开口厚度	后开口厚度
100~2 000	1 000~7 000	2.0~7.0	5~6 倍筒段	10~12 倍筒段

$$m_j = 4.43 \times 10^{-5} \cdot D_c^{1.5176} \cdot L_c^{0.4334} \cdot h^{0.4632} \qquad (3-16)$$

式中，D_c 为壳体直径，L_c 为壳体赤道间距，h 为筒段绝热层等效厚度。

绝热层厚度与发动机工作时间是线性相关的。

（3）推进剂质量

在建立药柱质量的模型时，首先计算燃烧室容积，再根据表 3-3 选择合适的体积装填份数以确定实际所需推进剂质量。

表 3-3 各种药型的 η_v 范围

药型	端面	车轮型	星孔	翼柱	球型
h_v	~1.0	0.65~0.70	0.75~0.85	0.85~0.95	0.9~0.95

$$m_p = 1.864 \times 10^{-6} \cdot D_c^{2.143} \cdot L_c^{0.855} \qquad (3-17)$$

式中，D_c 为药柱外径，L_c 为赤道间距。适用范围：直径 100~2 000 mm，赤道间距 1 000~7 000 mm。

（4）喷管质量

将喷管按结构分为非潜入锥形喷管和潜入特型喷管，以喷管喉径 D_t、最大工作压强 $P_{c\max}$、工作时间 t_a 及喷管平均扩张比 ε 作为设计变量来进行建模，喷管建模材料使用情况见表 3-4。

表 3-4 喷管建模材料使用情况

项目	材料名称	材料密度/(g/cm³)	材料性能/MPa	备注
喉衬	C-C	1.85	—	
背壁	5-Ⅱ	2.0	0.2/0.15	
扩张段	碳布-高硅氧布	1.7	0.2/0.15	
收敛段	模压高硅氧	1.7	0.2/0.15	
金属壳体	30CrMnSiA	7.8	1 100	

非潜入锥形喷管共建模 704 个，涵盖喉径 $D_t = 40 \sim 200$ mm，平均工作压强 $P_c = 5 \sim 12$ MPa，工作时间 $t_a = 6 \sim 60$ s，平均扩张比 $\varepsilon = 6 \sim 14$。

喷管质量回归模型方程如下

$$m_n = 2.92 \times 10^{-5} \cdot D_t^{2.30329} \cdot P_{c\max}^{0.56934} \cdot t_a^{0.221073} \cdot \varepsilon^{0.393105} \qquad (3-18)$$

$$m_n = 3.35 \times 10^{-5} \cdot D_t^{2.30329} \cdot P_c^{0.56934} \cdot t_a^{0.221073} \cdot \varepsilon^{0.393105} \qquad (3-19)$$

潜入特型喷管共建模 600 个，涵盖喉径 $D_t = 90 \sim 280$ mm，平均工作压强 $P_c = 6 \sim 12$ MPa，工作时间 $t_a = 30 \sim 80$ s，平均扩张比 $\varepsilon = 15 \sim 45$。

按照非潜入喷管质量回归的方法，潜入特型喷管质量方程为

$$m_n = 2.255 \times 10^{-5} \cdot D_t^{2.18771} \cdot P_{c\max}^{0.66006} \cdot t_a^{0.43298} \cdot \varepsilon^{0.41362} \tag{3-20}$$

$$m_n = 2.644 \times 10^{-5} \cdot D_t^{2.18771} \cdot P_c^{0.66006} \cdot t_a^{0.43298} \cdot \varepsilon^{0.41362} \tag{3-21}$$

3.3.2.3 设计变量的确定

在上述质量方程及比冲分析中，显然存在两种量。第一种量是已知的量或给定的量，例如，发动机的某些结构尺寸、经验系数、材料性能等，称为设计恒量。另外一种量是允许选择的量，例如，燃烧室压强 P_c、喷管扩张比 ε、喷管喉径 D_t、壳体长度 L_c 等，称为设计变量。显然，使用不同的优化准则及目标函数，就会有不同的设计变量。

设计变量必须是独立变量。例如，比冲是推进剂配方、燃烧室压强和喷管扩张比的函数，如果已经把推进剂配方、燃烧室压强和喷管扩张比作为设计变量，就不能再将比冲作为设计变量，因为它不再是独立的。这是因为数学规划是定义在 n 维欧氏空间的，要求设计变量相互独立（即正交）。如果不独立，存在交互作用，就会使目标函数出现"山脊"或"沟谷"，给寻优带来困难。

设计变量应选择对目标函数影响较大的那些变量，而且它们对目标函数有着矛盾的影响，这样目标函数将有明显的极值存在。

按上述两条原则，针对目标函数，选择的设计变量见表 3-5。

表 3-5 设计变量及符号意义

设计变量	符号意义
P_c	燃烧室压强
ε	喷管扩张比
D_t	喷管喉径
L_c	壳体长度
l_n	喷管外露长度
r_{c2}	壳体后开口半径
θ_{ex}	喷管出口半角
m	药柱外半径和内半径之比

如果以向量形式表示，对定容发动机设计变量为

$$\boldsymbol{X} = (P_c, \varepsilon, D_t, L_c, L_n, r_{c2}, \theta_{ex}, m)^{\mathrm{T}}$$

3.3.3 约束条件

目标函数取决于设计变量，但在很多实际问题中，设计变量的取值范围是有限制的或必须满足一定的条件。在优化设计中，这种对设计变量取值的限制条件，称为约束条件或设计约束。约束条件可分为界限约束和不等式约束两类。

（1）界限约束条件

设计变量通常有一定的允许变化范围。

①工作压强 P_c 的界限

工作压强 P_c 受到推进剂临界压强 P_{cr} 的限制，低于 P_{cr} 将出现不正常燃烧。同时相应的推进剂存在最大使用压强 P_{max} 的限制。因此

$$P_{cr} \leqslant P_c \leqslant P_{max} \qquad (3-22)$$

②扩张比 ε 的界限

对于高空工作的发动机，扩张比 ε 受到喷管出口直径不得大于导弹直径 D_c 的限制。对于低空工作的发动机，扩张比还受到 $P_{min}/P_a \geqslant 0.3$ 的限制，以免由于过膨胀，喷管内出现激波。因此

$$1 \leqslant \varepsilon \leqslant (D_c/D_t)^2 \qquad (3-23)$$

（2）不等式约束条件

在发动机设计的技术要求中，除已作为目标函数的设计要求外，其余的设计要求都可以作为不等式约束提出。

例如，可以把发动机工作时间作为不等式约束条件，则

$$t_{min} \leqslant t_a \leqslant t_{max} \qquad (3-24)$$

对于等式约束和不等式约束，在数学模型中可用以下三种形式表示不同的约束条件

$$g_j(\boldsymbol{X}) \geqslant 0, j = 1, 2, \cdots, m$$
$$h_j(\boldsymbol{X}) = 0, j = (m+1), (m+2), \cdots, p$$
$$a_i \leqslant x_i \leqslant b_i, i = 1, 2, \cdots, n$$

3.3.4 优化方法

解决固体发动机总体优化问题，需选取合适的多变量有约束的优化方法，通常约束最优化问题相当复杂也难以处理，但基于某计算软件，不对函数的具体算法细节进行讨论，而是引入软件中求解约束最优化问题的功能强大的函数，求解满足约束的最优化问题 $\min f(x)$，约束条件：$Ax \leqslant b$，$A_{eq} = b_{eq}$，$c(x) \leqslant 0$，$c_{eq}(x) = 0$ 且 $l \leqslant x \leqslant u$。此函数适用于解决固体发动机优化问题。

3.4 多脉冲发动机关键技术

3.4.1 轻质可靠隔离技术

（1）技术内涵

轻质可靠隔离技术是指通过轻质隔离装置结构设计实现正向承压与反向打开功能的技术，是多脉冲发动机的核心技术，也是关键技术之一，主要包括隔层与隔舱两种形式。在结构上，要求隔离装置能够将脉冲燃烧室或脉冲药柱物理隔离。在功能上，要求隔离装置在前一级脉冲工作时起到承压、隔热和密封作用，在后一级脉冲较低压强的作用下能够可

靠打开。隔舱双向不同承载能力设计技术、隔层与药柱变形协调技术是隔离装置设计的难点。

（2）技术途径

轻质可靠隔离技术一般按照材料研选→结构设计→数值仿真→试验验证的技术途径开展专项研制。

首先进行隔离装置材料研选，一般要求隔离装置具有较好的力学性能、热防护性能和较低的密度。然后进行隔离装置结构设计，确保隔离装置正向承压和反向打开功能的实现，并通过开展隔离装置动态过程数值仿真，对隔离装置结构进行二次优化。最后通过隔离装置正向承压及反向打开冷流单项试验，考核隔离装置的结构与功能，突破轻质可靠隔离技术。轻质可靠隔离技术的技术途径具体如图 3-3 所示。

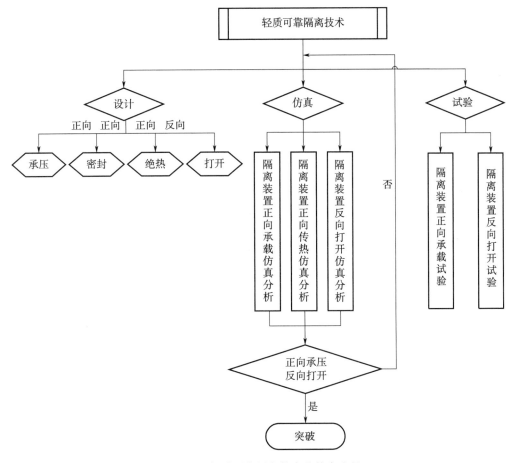

图 3-3　轻质可靠隔离技术的技术途径

3.4.2　长脉冲间隔热防护技术的技术途径

（1）技术内涵

长脉冲间隔热防护技术是指燃烧室和喷管在长脉冲间隔时间及多次热载荷冲击下的热

防护技术，是多脉冲发动机的关键技术之一。在长脉冲间隔期间，发动机后效加热效应使得热防护组件继续热解和炭化，在后级脉冲作用下炭化层迅速剥离，烧蚀速率明显增大，直接影响热防护组件的性能保持能力、热结构完整性及界面密封可靠性。因此，需要开展长脉冲间隔热防护技术研究，以确保发动机在长脉冲间隔及多次热载荷冲击下能够安全可靠工作。

（2）技术途径

首先进行绝热组件接触热阻测试和热防护材料热解参数测试，准确获得绝热组件接触热阻及热防护材料热解参数，为绝热结构完整性分析提供依据。然后进行热结构完整性分析，获得绝热组件在各级脉冲工作及脉冲间隔期的各向应力场分布，研究绝热组件热结构的烧蚀、接触热阻、材料热解和装配间隙对温度场的影响。最后根据绝热组件完整性分析结果，进行绝热结构优化设计，合理匹配绝热组件间结构形式，以满足发动机长脉冲间隔及多次热载荷冲击工况要求。长脉冲间隔热防护技术途径具体如图 3-4 所示。

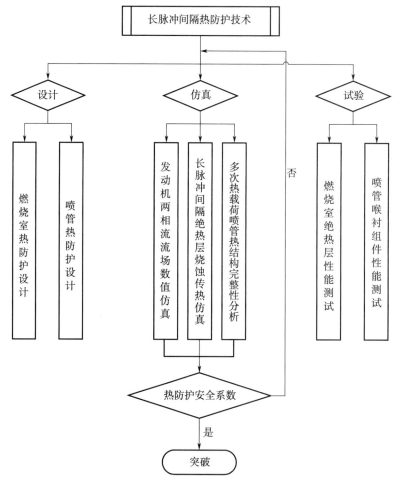

图 3-4　长脉冲间隔热防护技术途径

3.4.3　多次快速响应点火技术

（1）技术内涵

多次快速响应点火技术是指后级脉冲点火器（如二脉冲点火器、三脉冲点火器）在点火过程中，针对隔离装置打开前后点火空间突变可能引起的点火延迟问题，通过点火器结构、药量及布局优化，实现点火器快速可靠点火的技术，是多脉冲发动机的关键技术之一。

（2）技术途径

首先根据多脉冲发动机的结构形式、药型及药量、初始自由容积、喷管喉径等设计参数，进行多级脉冲点火器结构设计，使得点火布局与发动机结构相匹配。然后进行多级脉冲点火器单项试验，根据单项试验所得到的点火压强数据，适当调整点火药量。最后进行单脉冲样机地面热试车，考核多级脉冲点火加速性指标。多次快速响应点火技术途径具体如图 3-5 所示。

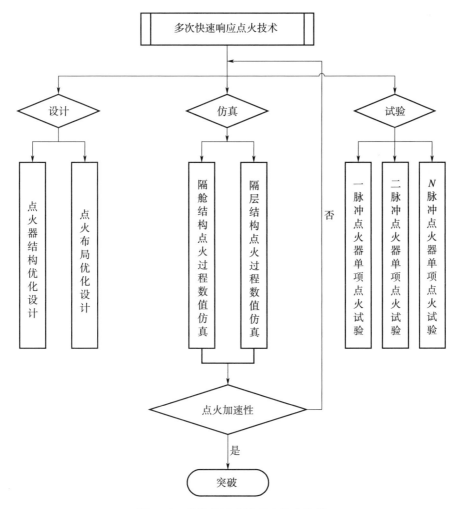

图 3-5　多次快速响应点火技术途径

3.5　多脉冲发动机试验技术

由于多脉冲发动机的结构相对复杂，工艺过程比较烦琐，需要开展的试验项目通常较多，因此试验开展的一般原则为：

1）先部件后整机；

2）先单项后系统；

3）先单级后集成；

4）先结构功能验证后性能环境考核；

5）先地试后飞试。

以双脉冲发动机为例，主要需要开展的试验项目如图 3-6 所示。

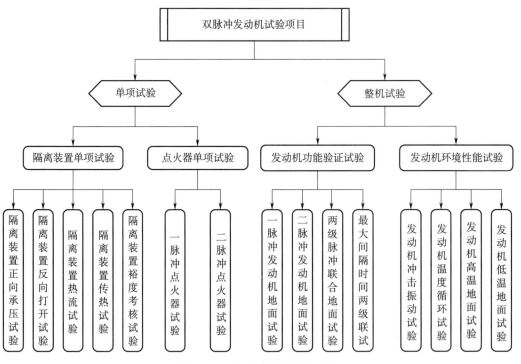

图 3-6　双脉冲发动机试验项目

参 考 文 献

［1］ Craig Phillips. Preliminary pulse motor optimization for a surface‑to‑air missile ［R］. AIAA 93‑3741.

［2］ 刘廷国. 何洪庆. 多脉冲能量控制在战术导弹中的作用 ［J］. 推进技术, 1998 (05)：111‑115.

［3］ Naumann K W, Stadler L. Double‑pulse solid rocket motor technology‑applications and technical solutions ［R］. AIAA 2010‑6754.

［4］ Stadler L J, Huber J, Friedemann D, et al. The double pulse motor demonstrator MSA ［R］. AIAA 2010‑6755.

［5］ L J Stadler, S Hoffmann, H Niedermaier. Testing and verification of the LFK NG dual pulse motor ［R］. AIAA 2006‑4765.

［6］ 关森, 胡凡. 隔舱式多脉冲固体火箭发动机技术研究 ［J］. 战术导弹技术, 2015, 4 (1)：59‑65.

［7］ 王春光, 刘洪超, 杨德敏. 脉冲发动机隔离装置发展现状研究 ［J］. 航空兵器, 2012 (5)：48‑51.

［8］ 阮崇智. 战术导弹固体发动机的关键技术问题 ［J］. 固体火箭技术, 2002, 25 (2)：8‑12.

［9］ 鲍福廷, 侯晓. 固体火箭发动机设计 ［M］. 北京：中国宇航出版社, 2016.

第4章 隔舱刚性硬隔离技术

隔舱式多脉冲发动机的隔离装置采用刚性硬隔离方式,将发动机分隔成多个舱段,每个舱段形成一个独立的脉冲燃烧室,隔离装置作为发动机的结构承力件,不但要起隔热和密封作用,还要独立承担上一脉冲的工作压强。常见的隔舱有陶瓷隔舱、金属膜片隔舱、多维编织复合网隔舱、蜂窝塞隔舱等。

隔舱刚性硬隔离技术是多脉冲固体发动机的核心技术。

4.1 隔舱功能及技术要求

4.1.1 隔舱主要功能

隔舱一般位于两级脉冲燃烧室之间,其主要功能为:

1) 在一脉冲工作期间,隔舱能够承受一脉冲药柱燃烧产生的高温、高压燃气作用,同时起隔热和密封作用,以防止二脉冲药柱被意外引燃。

2) 在二脉冲点火冲击作用下,隔舱能够迅速破碎或者可靠打开,并形成燃气通道,便于二脉冲燃气顺利通过,进入一脉冲燃烧室。

隔舱典型结构及工作过程示意图如图4-1和图4-2所示。

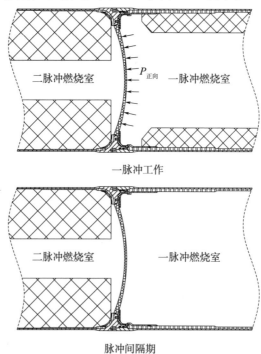

图4-1 陶瓷隔舱工作过程示意图

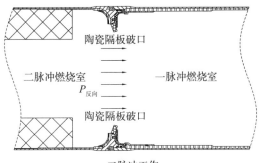

图 4-1　陶瓷隔舱工作过程示意图（续）

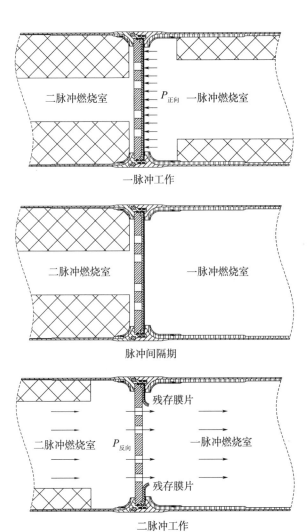

图 4-2　金属膜片隔舱工作过程示意图

4.1.2　隔舱技术要求

隔舱主要技术指标要求如下（规定顺航向为正向，逆航向为反向）：

1）正向承载能力：$P_{正向} \geqslant 1.5 P_{1max}$。

2）反向打开压强：$P_{反向} = 2 \sim 4$ MPa。

3）破口面积：$S_{破口} \geqslant 2 S_{喉部}$。

4）隔舱打开过程要求无碎片或碎片较小，对发动机不造成损害。

其中，P_{1max} 为一脉冲最大工作压强，$S_{喉部}$ 为喷管喉部面积。

4.2　隔舱主要类型、结构及连接方式

4.2.1　陶瓷隔舱

陶瓷隔舱的工作原理为：陶瓷隔舱设计为球冠形，凸面朝向一脉冲燃烧室，在一脉冲工作期间，陶瓷隔舱受到压应力，充分利用陶瓷材料抗压强度高的优点，承受一脉冲燃烧室的高压（可实现 $\geqslant 20$ MPa）。当二脉冲点火工作时，陶瓷隔舱受到拉应力作用，利用陶瓷材料抗拉强度低的特点，陶瓷隔舱在较低压强（$\leqslant 4$ MPa）作用下迅速破碎为无危害的小碎片，碎片在高温燃气中逐渐烧蚀变小，并随燃气流通过一脉冲燃烧室，最终从喷管排出。

4.2.1.1　陶瓷材料性能及要求

陶瓷隔舱采用微晶玻璃陶瓷材料，是一种以合成云母为主晶相的云母微晶玻璃陶瓷，该材料具有较高的压缩/拉伸强度比、良好的耐热性能、较好的机械加工性能（车、铣、钻孔等），而且材料密度较小（是普通钢材的 1/3），非常适合作为多脉冲固体发动机的隔舱材料来使用，陶瓷材料主要性能见表 4-1。

表 4-1　陶瓷材料主要性能

项目	抗拉强度/MPa	抗压强度/MPa	密度/(g/cm³)	热导率/[W/(m·K)]	使用温度/℃
性能参数	50～130	500～1 300	2.5	≤1.5	−270～+1 400

（1）较高的压缩/拉伸强度比

微晶玻璃陶瓷属于脆性材料，性能介于玻璃与陶瓷之间，其抗拉强度一般较低，为 50～130 MPa，但其具有非常高的抗压强度，抗压强度一般为抗拉强度的 5～8 倍，有的改性材料甚至可以达到 10 倍，具有较高的压缩/拉伸强度比。

（2）良好的隔热性能和抗热冲击性能

微晶玻璃陶瓷是一种良好的耐高温隔热材料，其使用温度在 −270～+1 400 ℃。由于微晶玻璃陶瓷中的云母晶体具有一定的弹性，能阻止微裂纹的延伸，因此它又具有较好的抗热冲击性能，从 800 ℃急冷至 0 ℃不破碎，200 ℃急冷到 0 ℃强度几乎无变化。它的低热膨胀系数保证了工件的尺寸稳定，可进行气密封结。

（3）较好的机械加工性能

微晶玻璃陶瓷可以进行车、铣、刨、磨、钻、锯切、攻丝等机械加工，能加工成各种形状复杂、精度要求高的产品，无须模具，可大大缩短研制周期。在一般设备上公差等级可控制在 IT7 级，光洁度达到 0.5 μm。

（4）较低的密度及较好的防老化性能

微晶玻璃陶瓷经过 180 ℃烘烤，160 ℃保温 1 h，真空老练 8 h，性能不变化。密度是普通钢材的 1/3，为 2.5 g/cm^3，比铝还轻。由于它完全由无机材料组成，因此不易老化、不变形，对各种有机溶剂都十分稳定，有良好的耐酸碱腐蚀性能。

4.2.1.2　陶瓷隔舱结构

陶瓷隔舱利用陶瓷材料具有较高压缩/拉伸强度比的特性，来实现陶瓷隔舱的正向承压和反向受拉破坏。陶瓷隔舱设计为球冠形，采用中心薄、边缘厚的变厚度设计，由 2 个不同半径的不同心圆形成。陶瓷隔舱的边缘设计为圆锥形，与隔舱支座配合，由支座支撑并限制隔舱的轴向位移。陶瓷隔舱结构图如图 4 - 3 所示。

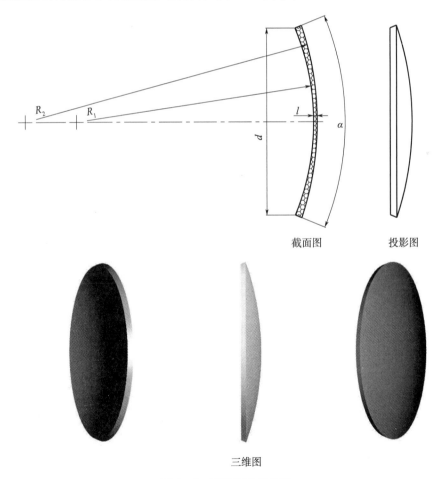

截面图　　　　投影图

三维图

图 4 - 3　陶瓷隔舱结构图

陶瓷隔舱尺寸主要包括内径 R_1、外径 R_2、圆心角 α、隔舱直径 d、中心厚度 l。圆心角 α 一般取 $60°\sim90°$。内径 R_1 根据隔舱直径 d 来确定。外径 R_2 决定了隔舱厚度（变厚度），由发动机对一脉冲的耐压能力及二脉冲的最小破碎压强两方面来确定。陶瓷隔舱主要设计参数见表 4-2。

表 4-2 陶瓷隔舱主要设计参数

设计参数	内径 R_1/mm	外径 R_2/mm	中心厚度 l/mm	隔舱直径 d/mm	圆心角 α/(°)
实例	95	110	5	90	60

陶瓷隔舱中心厚度、内外型面曲率半径、锥面角度等设计参数，可根据陶瓷隔舱的双向载荷条件，通过结构有限元分析进行确定。

4.2.1.3 陶瓷隔舱连接方式

陶瓷隔舱连接结构主要由陶瓷隔舱、密封圈、隔舱支座、挡环、沉头螺钉和绝热套组成，如图 4-4 所示。

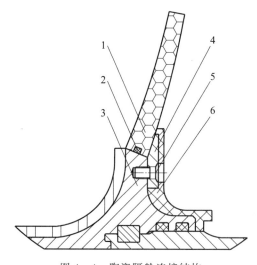

图 4-4 陶瓷隔舱连接结构

1—陶瓷隔舱；2—密封圈；3—隔舱支座；4—挡环；5—沉头螺钉；6—绝热套

在二脉冲壳体的后开口设计有一个小型的共底封头，与二脉冲壳体设计为一体，整体机加成型，共底小封头作为陶瓷隔舱的支座。陶瓷隔舱与隔舱支座采用圆锥面配合，支撑并限制陶瓷隔舱向二脉冲燃烧室的轴向位移，共同承受一脉冲工作时的高压燃气作用。

在陶瓷隔舱圆锥面上设计有密封槽，采用机械精加工成型，通过 O 型密封圈来实现陶瓷隔舱与隔舱支座的密封。同时，陶瓷隔舱本身是一种良好的耐高温隔热材料，可以承受 1 400 ℃ 的高温，具有良好的隔热性能。

陶瓷隔舱由挡环和多个沉头螺钉固定，以限制陶瓷隔舱向一脉冲燃烧室的轴向位移。在二脉冲点火压强冲击作用下，陶瓷隔舱承受拉应力，迅速破碎为无危害的小碎片，隔舱破碎形成燃气通道。

在靠近一脉冲的隔舱支座上粘接绝热套，绝热套采用硬质的高硅氧/酚醛材料，整体机加成型，以保护隔舱支座和挡环。

4.2.2　金属膜片隔舱

金属膜片隔舱具有结构设计简单、研制周期短、可靠性高等优点，广泛应用于小型多脉冲固体火箭发动机。

金属膜片隔舱的工作原理为：一脉冲工作期间，金属膜片依靠多孔支撑件正向共同承受一脉冲高压作用，同时起隔热和密封作用。二脉冲点火工作后，燃气通过支撑件的多孔反向作用在金属膜片上，金属膜片单独承载而产生较大的变形，并沿预制应力槽迅速撕开，在高温燃气的作用下逐渐消融，形成燃气通道。

4.2.2.1　金属膜片隔舱结构

金属膜片隔舱主要由一个多孔支撑件和一个金属膜片组成，金属膜片的外缘采用"L"型止口结构，与多孔支撑件紧密配合，粘接或焊接为一体。

多孔支撑件采用高强度金属材料，设计为多孔的轮辐式结构，以减小支撑件重量和增加通气面积，根据发动机实际尺寸及工作要求设计支撑件上孔的形状、尺寸及数量，并进行多孔支撑件的结构有限元分析校核，多孔支撑件外表面（包括孔表面）需要喷涂 0.5～1.0 mm 的防热涂层。

金属膜片采用高强度易变形金属材料，膜片的一侧设计有预制应力槽（V型槽），以减小隔舱反向打开压强，应力槽一般设计为"十字型"或"米字型"，组装过程中要求膜片预制应力槽与多孔支撑件的支撑筋相重叠。同时，在金属膜片的外侧附着绝热层，用来隔绝一脉冲高温燃气的作用，绝热层上预制相同的应力槽，与膜片应力槽位置相重叠。

金属膜片隔舱结构设计如图 4-5 所示，金属膜片隔舱实物照片如图 4-6 所示。

4.2.2.2　金属膜片隔舱连接方式

（1）对接夹紧连接方式

在一脉冲壳体前开口部位、二脉冲壳体后开口部位各设计一个向内凸的接头，用于安装并夹紧金属膜片隔舱。金属膜片隔舱安装在二脉冲壳体接头内，多孔支撑件侧面设计有密封槽，通过 O 型密封圈实现隔舱与壳体之间的密封，具体如图 4-7 所示。

金属膜片隔舱上的软质绝热层与两级脉冲壳体接头之间轴向设计有 0.5 mm 的过盈量，当两级壳体对接到位后，壳体上的接头将金属膜片隔舱夹紧并限制隔舱的轴向位移。同时，软质绝热层被适当地预压缩（过盈），有利于提高隔舱的整体密封性。

（2）螺纹连接方式

在一脉冲壳体前开口部位设计一个向内凸的接头，接头的侧面设计有螺纹，与隔舱通过螺纹连接。接头的端面设计有密封槽，通过 O 型密封圈实现隔舱与壳体之间的密封，具体如图 4-8 所示。

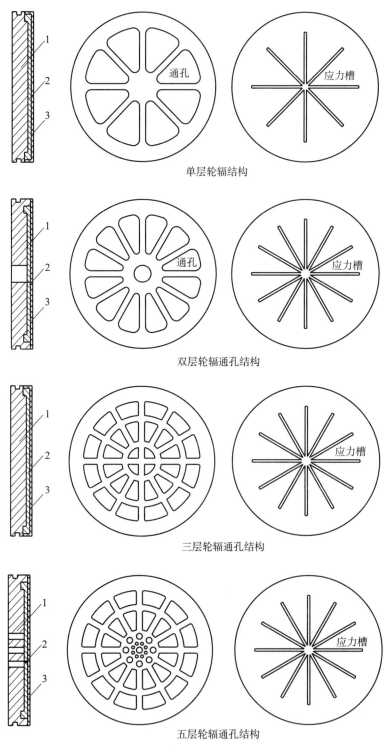

单层轮辐结构

双层轮辐通孔结构

三层轮辐通孔结构

五层轮辐通孔结构

1—多孔支撑件；2—金属膜片；3—绝热层

图 4-5　金属膜片隔舱结构设计

三维图

图 4 - 5　金属膜片隔舱结构设计（续）

单层轮辐结构

三层轮辐通孔结构

五层轮辐通孔结构

图 4 - 6　金属膜片隔舱实物照片

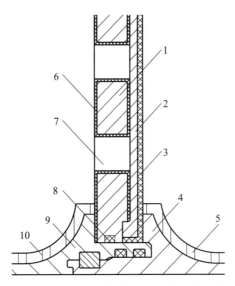

图 4 - 7　金属膜片隔舱对接夹紧连接结构

1—多孔支撑件；2—金属膜片；3—绝热层；4——脉冲壳体接头；5——脉冲壳体绝热层；6—防热涂层；7—通孔；
8—密封圈；9—二脉冲壳体接头；10—二脉冲壳体绝热层

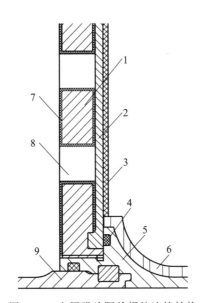

图 4 - 8　金属膜片隔舱螺纹连接结构

1—多孔支撑件；2—金属膜片；3—绝热层；4—密封圈；5——脉冲壳体接头；6——脉冲壳体绝热层；
7—防热涂层；8—通孔；9—二脉冲壳体

（3）卡环连接方式

在一脉冲壳体前开口部位设计一个向内凸的接头，隔舱安装在接头内，通过卡环连接并限制隔舱的轴向位移。多孔支撑件侧面和接头端面设计有密封槽，通过 2 道 O 型密封圈实现隔舱与壳体之间的密封，具体如图 4 - 9 所示。

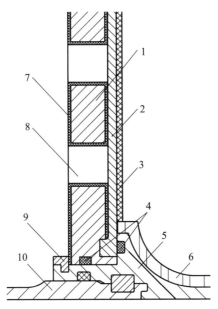

图 4-9　金属膜片隔舱卡环连接结构

1—多孔支撑件；2—金属膜片；3—绝热层；4—密封圈；5——脉冲壳体接头；6—脉冲壳体绝热层；
7—防热涂层；8—通孔；9—卡环；10—二脉冲壳体

4.2.3　多维编织复合网隔舱

多维编织复合网隔舱借鉴金属膜片隔舱结构设计，用多维编织复合网代替多孔支撑件，用碳布铺层代替金属膜片，使得隔舱的结构质量大幅降低，特别适合较大尺寸的多脉冲固体火箭发动机使用。

多维编织复合网隔舱的工作原理为：当一脉冲工作时，通过多维编织复合网和花瓣状碳布铺层来共同承受一脉冲高压，通过碳布铺层上的绝热层实现一脉冲的隔热与密封。当二脉冲工作时，燃气通过复合网的网格孔直接作用在花瓣状碳布铺层上，并沿预设薄弱部位（花瓣间搭接处）撕开，形成初始燃气通道，随着网格纤维逐渐烧蚀，通道面积将进一步增大。

4.2.3.1　多维编织复合网隔舱结构

多维编织复合网隔舱主要由多维编织复合网、花瓣状碳布铺层、模压绝热层和隔舱接头组成，具体如图 4-10 所示。

隔舱接头采用钛合金材料整体机加成型。接头前端外侧设计有多个小立柱，每个小立柱的截面尺寸为 5 mm×10 mm，用于复合网纤维缠绕挂线，立柱的四周倒角，表面烧结聚四氟乙烯，以防止缠绕过程中割伤纤维，示意图如图 4-11 所示。

绝热层采用抗烧蚀、低密度、低热导率的 EPDM 材料，与隔舱接头一起整体模压成型。绝热层内侧表面预制削弱槽，以便于控制打开位置。绝热层外侧表面粘贴花瓣状碳布铺层，构成碳布绝热层复合结构。

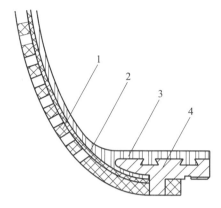

1—多维编织复合网；2—花瓣状碳布铺层；3—模压绝热层；4—隔舱接头

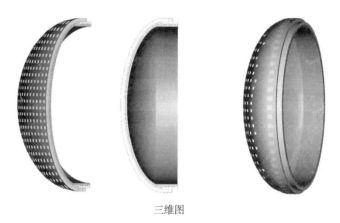

三维图

图 4 - 10　多维编织复合网隔舱结构

图 4 - 11　隔舱接头结构

　　碳布铺层厚度为 $1\sim3$ mm，铺设方式为每片压住前片的 15%，碳布搭接处与绝热层削弱槽部位重叠，作为碳布绝热层的薄弱部位。在一脉冲工作期间，碳布绝热层将力传递到复合网。在二脉冲工作时，碳布绝热层沿预设薄弱部位打开。

　　复合网选用芳纶纤维或碳纤维，采用网格多维编织工艺，整体编织成型，编织过程中应尽量保证纤维连续不断裂。复合网编织的网格结构形式有多种，按照目前国内编织工艺水平，易于实现的有方形网格和三角形网格，示意图如图 4-12 所示。

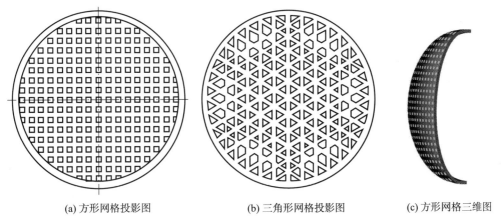

(a) 方形网格投影图　　　　(b) 三角形网格投影图　　　　(c) 方形网格三维图

图 4-12　复合网编织网格结构示意图

4.2.3.2　多维编织复合网隔舱连接方式

　　多维编织复合网隔舱的隔舱接头上设计有螺纹，通过螺纹将隔舱与一脉冲燃烧室连接，利用 O 型圈进行端面密封。二脉冲燃烧室与一脉冲燃烧室采用一圈沉头螺钉径向连接，通过 O 型圈进行径向密封，也可采用卡环进行连接，具体如图 4-13 所示。

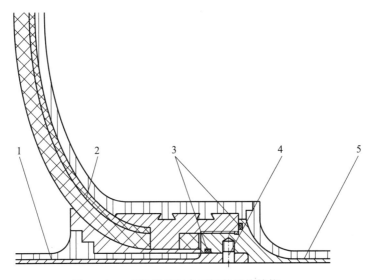

图 4-13　多维编织复合网隔舱连接结构

1—二脉冲燃烧室；2—多维编织复合网隔舱；3—密封圈；4—连接螺钉；5—一脉冲燃烧室

4.2.4　蜂窝塞隔舱

蜂窝塞隔舱是早期广泛采用的一种隔舱结构,具有结构简单、研制周期短、可靠性高等优点,广泛应用于小型多脉冲固体火箭发动机,但同时也存在着结构质量偏大、塞子打开不同步、塞子的撞击可能损伤喷管等不足。

蜂窝塞隔舱的工作原理为:当一脉冲工作时,通过隔板和塞子共同承受一脉冲高压,同时起隔热和密封作用。当二脉冲工作时,二脉冲高压将塞子从隔板上挤出,形成燃气通道。

4.2.4.1　蜂窝塞隔舱结构

蜂窝塞隔舱主要由隔板和塞子组成。隔板采用高强度金属材料,设计为多孔结构,以减小隔板重量,同时增加通气面积。隔板设计时通气面积要大于2倍的喷管喉道面积,根据发动机尺寸及工作要求设计孔的尺寸及数量,隔板外表面(包括孔表面)需要喷涂0.5~1.0 mm的防热涂层。塞子采用高强度非金属材料,可设计为圆锥形或圆柱形。锥形塞在一脉冲工作时越压越紧,同时通过锥面实现自密封作用。柱形塞设计有2个圆柱台,大圆柱台起承载和定位作用,小圆柱台设计有密封槽,通过密封圈进行密封。蜂窝塞隔舱结构如图4-14所示。

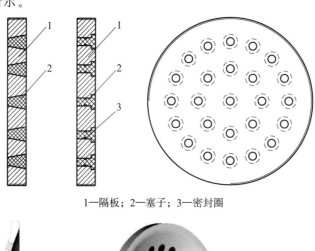

1—隔板;2—塞子;3—密封圈

图4-14　蜂窝塞隔舱结构

4.2.4.2　蜂窝塞隔舱连接方式

蜂窝塞隔舱的连接方式与金属膜片隔舱的连接方式相似，主要有对接夹紧连接、螺纹连接、卡环连接等方式，这里以螺纹连接方式为例进行介绍，其他连接方式就不再详细介绍。

蜂窝塞隔舱采用螺纹连接方式时，连接结构相对简单。隔板与壳体接头通过螺纹连接，利用 O 型圈进行端面密封。两级脉冲壳体通过卡环连接，利用 O 型圈进行径向密封。蜂窝塞隔舱连接结构如图 4－15 所示。

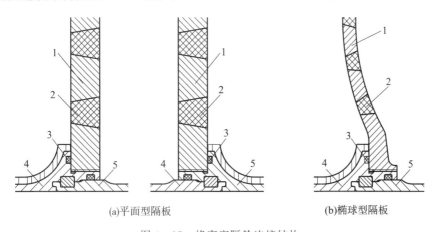

(a)平面型隔板　　　　　　　　　　　(b)椭球型隔板

图 4－15　蜂窝塞隔舱连接结构

1—隔板；2—锥形塞；3—密封圈；4—二脉冲燃烧室；5—一脉冲燃烧室

4.3　隔舱结构有限元分析

4.3.1　陶瓷隔舱结构有限元分析

4.3.1.1　物理模型

陶瓷隔舱在均压下的应力、应变分析属于轴对称问题，计算模型取半个剖面，分析中采用 8 节点等参单元 Plane82 来划分网格。根据结构特点，模型轴线处的端面上都应施加对称约束。此外，隔舱支座、挡环对隔舱周边的制约按接触处理。陶瓷隔舱通用模型如图 4－16 所示，有限元网格如图 4－17 所示。

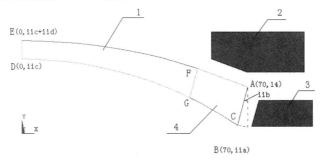

图 4－16　陶瓷隔舱通用模型

1—陶瓷隔舱 A；2—挡环；3—隔舱支座；4—陶瓷隔舱 B

陶瓷隔舱的工作要求为：隔舱具备 20 MPa 的正向承载能力，即凸面承受 0.1 s 内由 0 迅速增至 20 MPa 的压强时，隔舱结构不破坏。隔舱反向打开压强低于 3 MPa，即凹面承受 3 MPa 的稳态压强时，隔舱结构发生破坏。

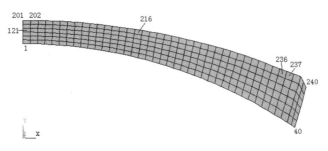

图 4-17　陶瓷隔舱有限元网格

4.3.1.2　计算结果及分析

（1）隔舱应力分布

陶瓷隔舱结构危险点的受力情况是进行隔舱强度分析与优化隔舱应力分布的关键，陶瓷材料强度失效判据应用最大应力准则。图 4-18、图 4-19 给出了隔舱凸面与凹面承压时隔舱应力云图。S_x、S_y 与 S_z 分别对应柱坐标系下的径向应力、周向应力和环向应力，其中 S_z 与模型平面垂直。

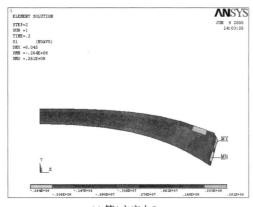

(a) 第1主应力S_x

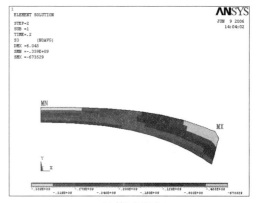

(b) 第3主应力S_y

图 4-18　凸面受压隔舱应力云图

图 4-18 分析表明，隔舱凸面受压时，由于结构拉应力不足以引起破坏，压应力最大的隔舱轴心凸面处是最危险位置。图 4-19 分析表明，隔舱凹面受压时，由于结构压应力不足以引起破坏，拉应力最大的隔舱轴心凸面处是最危险位置。

隔舱凸面受压和凹面受压两种工况下，隔舱轴心凸面处都是应力极值点，因此轴心凸面处是隔舱应力优化的主要部位。优化隔舱应力分布的手段有多种，包括结构尺寸优化和边界条件优化等，而隔舱与支承件接触面上压力与摩擦力是最重要的边界条件。按照隔舱的气密性要求，当通过施加预紧力增大隔舱接触面上压力与摩擦力时，会导致隔舱的接触

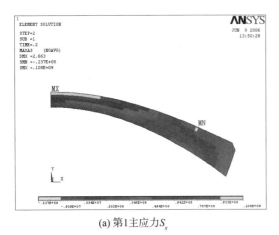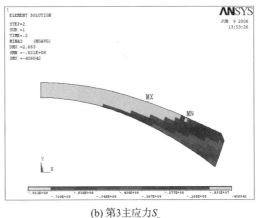

(a) 第1主应力S_x　　　　　　　　　　　　(b) 第3主应力S_y

图 4 - 19　凹面受压隔舱应力云图

面产生相应的法向与切向位移，从而改变了隔舱的应力分布。下面就接触面压力与摩擦力对隔舱轴心凸面处应力的具体影响进行定性研究。

（2）接触面压力对隔舱应力分布的影响

有限元模型通过法向单边接触设置了摩擦力恒定，接触面压力的变化通过调节预紧量实现。图 4 - 20、图 4 - 21 给出了隔舱凸面与凹面承压时，轴心凸面处应力随预紧量的变化曲线。

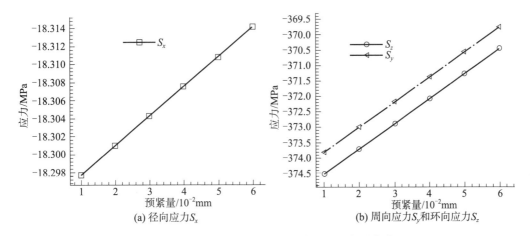

(a) 径向应力S_x　　　　　　　　　　　(b) 周向应力S_y和环向应力S_z

图 4 - 20　凸面受压轴心凸面处应力随预紧量变化

图 4 - 20 分析表明：隔舱凸面受压时，轴心凸面处 S_y、S_z 表现为压应力，决定结构的安全与否。随着预紧量增大，轴心凸面处的压应力有所减小，因而隔舱正向承压能力相应提高。这是由于隔舱支座对隔舱的分布压力使隔舱产生偏心压缩，在轴心凸面处产生附加拉应力所致。

图 4 - 21 分析表明：隔舱凹面受压时，轴心凸面处 S_y、S_z 表现为拉应力，决定结构的安全与否。接触面压力在轴心凸面处引起了附加拉应力，在应力叠加后，该处的拉应力

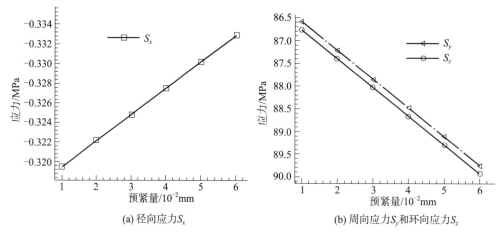

图 4 - 21　凹面受压轴心凸面处应力随预紧量变化

变得更大，这对降低隔舱的反向打开压强是有利的。

因此，接触面压力的增加有利于隔舱设计，在一定程度上减小了因材料拉压破坏强度不同给设计带来的困难。

（3）接触面摩擦力对隔舱应力分布的影响

有限元模型保持预紧量恒定以保持接触面压力不变，通过法向单边接触摩擦系数的变化改变接触面摩擦力。图 4 - 22、图 4 - 23 给出了隔舱凸面与凹面承压时，轴心凸面处应力随接触面摩擦系数的变化曲线。

图 4 - 22、图 4 - 23 分析表明：无论隔舱凸面受压还是凹面受压，摩擦力均使得隔舱轴心凸面处径向叠加拉应力，周向、环向叠加压应力。隔舱凸面受压时如果摩擦力过小，结构的最终平衡只能通过增大变形实现，从而引起隔舱与隔舱支座间相对位移增加，有可能导致隔舱滑落。

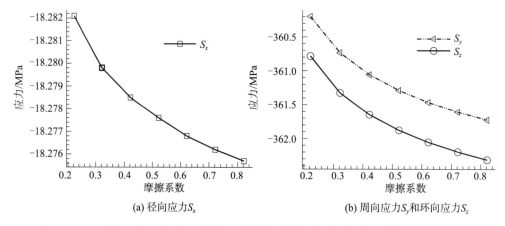

图 4 - 22　凸面受压轴心凸面处应力随接触面摩擦系数变化

隔舱凸面受压时，轴心凸面处压应力增大了，不利于提高隔舱正向承压能力。隔舱凹

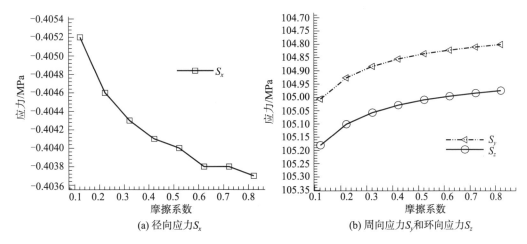

(a) 径向应力S_x　　　　　　　　(b) 周向应力S_y和环向应力S_z

图 4 - 23　凹面受压轴心凹面处应力随接触面摩擦系数变化

面受压时，轴心凸面处拉应力减小了，不利于降低隔舱的反向打开压强。总之，摩擦力的作用与设计要求相悖，是有害的，所以应当采取措施尽量减小摩擦力。

结构预紧力所引起的接触面压力与摩擦力对提高结构承载的可靠性作用效果完全相反。接触面压力的增大可改善隔舱应力分布，在隔舱凸面受压时提高结构的安全性，凹面受压时使隔舱更易破碎，摩擦力的作用则不符合隔舱的使用要求。因此，建议在保证隔舱安全装配的前提下，为优化隔舱的应力分布，适当增加结构的预紧力，同时对隔舱与支承件的接触部分做抛光处理，并涂以润滑剂，以减小接触面上的摩擦力。

4.3.2　金属膜片隔舱结构有限元分析

4.3.2.1　物理模型

金属膜片隔舱主要由支撑件和金属膜片组成，分别如图 4 - 24 和图 4 - 25 所示，其有限元分析分为两个部分：一是支撑件的正向承压分析，二是金属膜片的反向打开分析。

图 4 - 24　支撑件结构图和实物图

图 4-25　金属膜片结构图和实物图

4.3.2.2　计算结果及分析

（1）支撑件正向承压有限元分析

某发动机要求隔舱具备 22 MPa 的承压能力，支撑件材料选用 LC9，隔舱支撑件有限元模型如图 4-26 所示。采用静力学仿真，以材料的抗拉强度作为失效判据，仿真结果表明支撑件极限承压为 23 MPa，如图 4-27 所示。对该结构隔舱进行水压试验，发现隔舱承压 24 MPa 时结构破坏，如图 4-28 所示，表明仿真结果与试验吻合，极限承载压强满足设计要求。

图 4-26　隔舱支撑件有限元模型

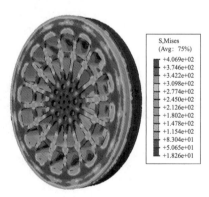

图 4-27　隔舱支撑件承载 23 MPa 应力云图（见彩插）

图 4 - 28　隔舱支撑件承载 24 MPa 试验照片

（2）金属膜片反向打开有限元分析

发动机二脉冲的建压过程是瞬态的，金属膜片的实际打开过程也应该是瞬态的，故仿真分析应该加载动态载荷，但动态载荷需要的材料物理参数较多，且仿真过程较长，因此静态载荷下的仿真也有一定的意义。静态和动态载荷作用下的打开过程有限元分析均能为金属膜片设计提供参考。

①静态载荷作用下打开有限元分析

静态载荷下的打开过程可以认为是韧性破坏过程，可以采用 Ductile damage 模型进行有限元分析。Ductile damage 模型是 ABAQUS 中材料渐进损伤失效模型中的一种，其含义可由典型的金属试件单轴拉伸应力应变曲线说明，如图 4 - 29 所示。

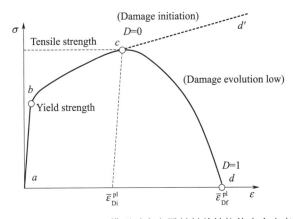

图 4 - 29　Ductile damage 模型对应金属材料单轴拉伸应力应变曲线

利用 ABAQUS/Explicit 模拟膜片的静态打开过程，随着内压载荷增加，膜片应变逐渐增加，当压强达到 0.70 MPa 时，膜片预制缺陷中心位置开始产生塑性应变。当压强达到 1.96 MPa 时，膜片中心位置达到等效断裂塑性应变，膜片在中心表面位置开始产生损伤，相应单元的刚度开始退化，如图 4 - 30 （a）所示。当压强达到 3.46 MPa 时，预制缺陷处的应力强度因子满足 $K_{\mathrm{O}} = K_{\mathrm{IC}} = 26$ MPa$\sqrt{\mathrm{m}}$，即相应单元的能量耗散达到材料的极限值，单元刚度退化为零，软件自动删除失效单元，预制缺陷中心位置开始产生裂纹，如

图 4 - 30 (b) 所示。随着压力增加，预制缺陷处裂纹迅速扩展，膜片在预制缺陷处产生贯穿性裂纹，膜片彻底破坏而失去承载能力。

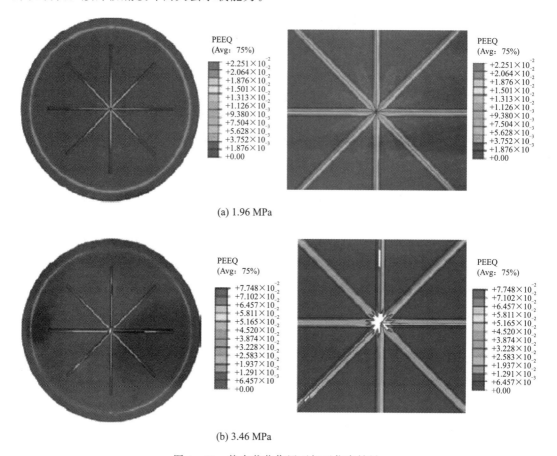

(a) 1.96 MPa

(b) 3.46 MPa

图 4 - 30　静态载荷作用下打开仿真结果

　　静态打开的有限元仿真结果可以利用隔舱的冷流静态打开单项试验来验证，打开试验的二脉冲压强时间曲线如图 4 - 31 (a) 所示，曲线的最高点对应的打开压强值即为膜片的打开破坏压强，膜片的打开压强分别为 3.50 MPa、4.00 MPa、3.75 MPa，3.75 MPa。破坏后的膜片均沿预制缺陷槽处撕开，未产生碎片，破裂结构完整，具体试验照片如图 4 - 31 (b) 所示。仔细观察试验残骸，并对比仿真结果，预制缺陷裂尖区域已形成明显的塑性区，裂尖塑性行为对断裂过程有很大的影响，为韧性断裂破坏过程。膜片平均打开压强为 3.75 MPa，与有限元计算结果 3.46 MPa 基本一致。

　　②动态载荷作用下打开有限元分析

　　动态载荷下的打开过程可以认为是脆性破坏过程，可以采用 Brittle cracking 模型进行有限元分析。Brittle cracking 模型是 ABAQUS 中材料脆性损伤失效模型中的一种，其含义可由典型的金属试件单轴拉伸应力应变曲线说明，如图 4 - 32 所示。

　　利用 ABAQUS/Explicit 模拟膜片的动态打开过程，随着内压迅速增加，膜片开始变形，预制缺陷处应变逐渐增加，应力强度因子逐渐增加。当压强达到 1.90 MPa 时，膜片

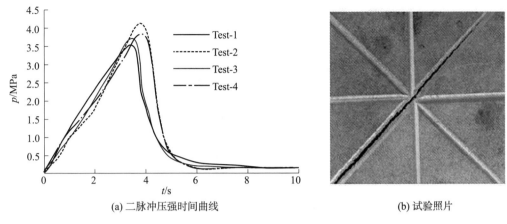

(a) 二脉冲压强时间曲线　　　　　　　　　　(b) 试验照片

图 4 - 31　膜片冷流静态打开试验结果

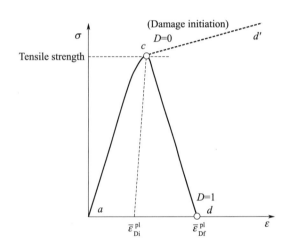

图 4 - 32　Brittle cracking 模型对应金属材料单轴拉伸应力应变曲线

中心预制缺陷位置应变值达到了 0.08，开始产生损伤，相应单元的刚度开始退化，如图 4 - 33（a）所示。当压强达到 1.95 MPa 时，预制缺陷中心应力强度因子达到材料的断裂韧度 $K_O = K_{IC} = 22$ MPa $\sqrt{m}$，即相应单元的能量耗散达到材料的极限值，单元刚度退化为零，软件自动删除失效单元，预制缺陷中心位置开始产生裂纹，如图 4 - 33（b）所示。随着压力载荷进一步增加，中心裂纹迅速扩展至膜片的另一侧，膜片从中心位置沿预制缺陷随机分成 3 瓣，整个膜片彻底失去承载能力。

　　动态打开的有限元仿真结果可以利用隔舱的热流动态打开单项试验来验证，打开试验的二脉冲压强时间曲线如图 4 - 34（a）所示，膜片在动态压强下的打开形式如图 4 - 34（b）所示。曲线的最高点对应的打开压强值即为膜片的打开破坏压强，膜片的打开压强分别为：2.40 MPa、2.00 MPa、2.35 MPa、2.10 MPa、2.05 MPa。由试验结果可见，隔舱在动态载荷作用下，金属膜片沿削弱槽顺利打开，开裂形式一致，观察膜片破裂位置，并无塑性变形，说明膜片为脆性破坏。隔舱热流平均打开压强约为 2.2 MPa，略高于有限

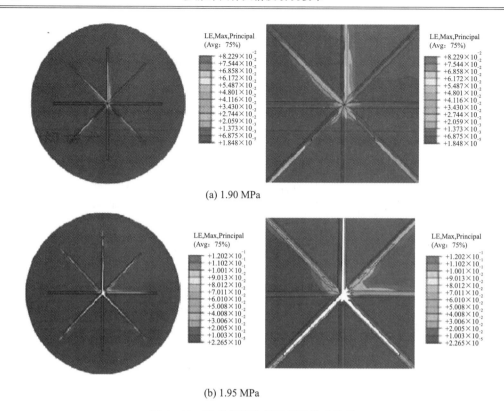

(a) 1.90 MPa

(b) 1.95 MPa

图 4 - 33　动态载荷作用下打开仿真结果

元计算结果。试验结果偏高的原因是因为预制缺陷在加工过程中，由于铣刀本身具有一定的圆角，缺陷的尖端必然会有一定程度的圆角钝化，导致在一定内压作用下的应力强度因子会有所降低，从而使膜片打开破坏压强升高。

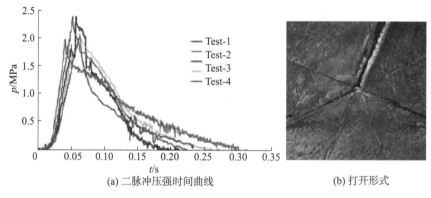

(a) 二脉冲压强时间曲线　　　　　　　　　(b) 打开形式

图 4 - 34　膜片热流动态打开试验结果 （见彩插）

（3）金属膜片打开过程仿真

利用脆性断裂模型模拟了金属膜片的破坏和打开过程，通过 Abaqus explicit 模块对金属膜片进行了显示动力学模拟，图 4 - 35 所示为金属膜片破坏及打开过程中的 Mises 应力云图。

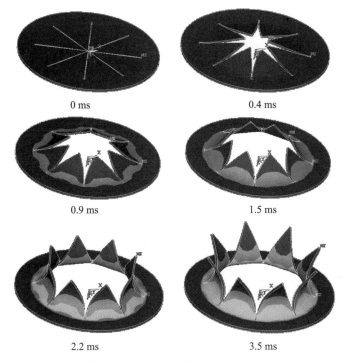

0 ms　　　　　　　　　　　　0.4 ms

0.9 ms　　　　　　　　　　　1.5 ms

2.2 ms　　　　　　　　　　　3.5 ms

图 4 - 35　金属膜片打开过程仿真

从图 4 - 35 可以看出，金属膜片的中心部位最先变形，中心部位的应力最大，随着时间的推移，变形逐渐加大，直到中心部位破坏。中心部位破坏之后，金属膜片沿着削弱槽逐渐撕开，翻转后最终形成花瓣状。

4.3.3　多维编织复合网隔舱结构有限元分析

4.3.3.1　物理模型

根据多维编织复合网隔舱结构的对称性，选取整个隔舱几何模型的 1/4 作为研究对象。多维编织复合网划分为 97 813 个 C3D4 单元，碳布铺层划分为 7 190 个 C3D8R 单元，复合网几何模型和网格剖分如图 4 - 36 所示。

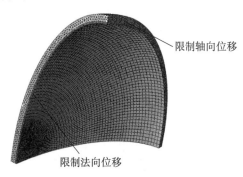

限制轴向位移

限制法向位移

图 4 - 36　复合网几何模型和网格剖分

4.3.3.2　计算结果与分析

（1）正向承载能力分析

采用周期性边界条件，限制对称截面的法向位移，同时限制结构的轴向位移，允许整个结构在径向膨胀。在碳布绝热层上施加 18 MPa 的均布载荷，计算复合网格结构的纤维最大应力为 897 MPa，平均应力水平在 400～500 MPa 之间，远低于纤维的发挥强度 2 730 MPa（转换率按 65％计算），具有较大的安全裕度。复合网应力分布云图如图 4 - 37 所示。

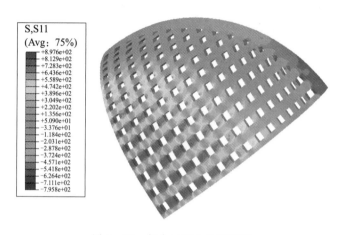

S,S11
(Avg: 75%)
+8.976e+02
+8.129e+02
+7.283e+02
+6.436e+02
+5.589e+02
+4.742e+02
+3.896e+02
+3.049e+02
+2.202e+02
+1.356e+02
+5.090e+01
-3.376e+01
-1.184e+02
-2.031e+02
-2.878e+02
-3.724e+02
-4.571e+02
-5.418e+02
-6.264e+02
-7.111e+02
-7.958e+02

图 4 - 37　复合网应力分布云图

（2）正向承载位移分析

一脉冲工作期间，复合网要承受 18 MPa 的内压作用，最大位移位置在封头的顶部，数值为 6.62 mm，虽不会撕裂内侧绝热层，但在二脉冲装药设计时，应考虑药柱和隔舱的相对位置，以防止复合网变形接触并挤压二脉冲药柱。复合网位移分布云如图 4 - 38 所示。

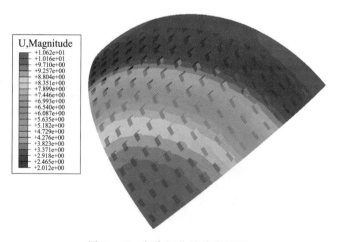

U,Magnitude
+1.062e+01
+1.016e+01
+9.710e+00
+9.257e+00
+8.804e+00
+8.351e+00
+7.899e+00
+7.446e+00
+6.993e+00
+6.540e+00
+6.087e+00
+5.635e+00
+5.182e+00
+4.729e+00
+4.276e+00
+3.823e+00
+3.371e+00
+2.918e+00
+2.465e+00
+2.012e+00

图 4 - 38　复合网位移分布云图

4.4　隔舱区域流场数值分析

双脉冲发动机地面试车后，一脉冲绝热层往往会出现烧蚀不均匀的现象，部分区域出现烧蚀凹坑，燃烧室内通常还会出现一定的沉积现象。通过分析认为，由于双脉冲发动机隔舱的存在，使得燃气流在一脉冲燃烧室内出现后扰动，气流发生分离再附着过程，气流再附着点附近刚好为绝热层烧蚀较为剧烈的部位，同时颗粒相随气流撞击在绝热层壁面位置，也与"凹坑"部位重合。因此，气流再附着过程及颗粒相冲刷过程为影响一脉冲绝热层烧蚀不均匀现象的重要原因。隔舱区域附近烧蚀区域示意图如图 4-39 所示。

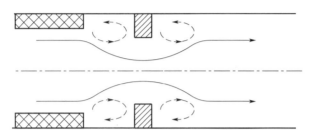

图 4-39　隔舱区域附近烧蚀区域示意图

按照二脉冲工作隔舱残留情况可以将上文所述四种隔舱分为两类：一类隔舱中心无残留，如陶瓷隔舱、多维编织复合网隔舱；另一类隔舱中心有残留，如金属膜片隔舱、蜂窝塞隔舱。陶瓷隔舱、多维编织复合网隔舱在二脉冲工作后完全破坏，二脉冲燃气经圆孔通道后流入一脉冲燃烧室。金属膜片隔舱在二脉冲工作后，金属膜片完全打开，二脉冲燃气经多孔支撑件通孔后流入一脉冲燃烧室，随着工作时间增加，多孔支撑件逐步烧熔，通孔面积逐步增大。蜂窝塞隔舱与金属膜片隔舱类似，蜂窝塞全部飞出，二脉冲燃气经隔板蜂窝塞通孔后流入一脉冲燃烧室，随着工作时间增加，隔板逐步烧熔，蜂窝塞通孔面积逐步增大。

下面以陶瓷隔舱和金属膜片隔舱二脉冲工作时燃烧室流场数值分析为例，说明隔舱双脉冲发动机二脉冲工作时流场工作情况。

4.4.1　陶瓷隔舱流场数值分析

4.4.1.1　物理模型

二脉冲为内孔装药，对发动机 2.0 s 时刻发动机两相内流场进行数值计算，该时刻隔舱中心通道已打开。二脉冲工作时，产生的燃气流经过隔舱流入一脉冲燃烧室，此时一脉冲燃烧室绝热层壁面完全暴露在高温燃气下，流经隔舱后，截面积突扩，燃气发生分离流动，在隔舱下游形成涡流，在隔舱根部形成角涡，同时在涡流结束处形成气流再附着点，加剧了绝热层的烧蚀。双脉冲发动机隔舱区域流动特征示意图如图 4-40 所示。

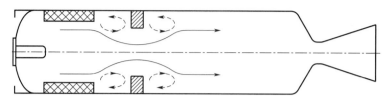

图 4 - 40　双脉冲发动机隔舱区域流动特征示意图

4.4.1.2　数学模型

（1）气相控制方程

固体发动机内的湍流流动可能有回流存在，而且推进剂燃烧表面有质量加入，采用二维轴对称可压缩标准 $K-\varepsilon$ 两方程模型，轴对称 $K-\varepsilon$ 方程的矢量形式为

$$\frac{\partial \boldsymbol{Q}}{\partial t} + \frac{\partial \boldsymbol{E}}{\partial x} + \frac{\partial \boldsymbol{F}}{\partial y} + \boldsymbol{H} = \frac{\partial \boldsymbol{R}}{\partial x} + \frac{\partial \boldsymbol{S}}{\partial y} + \boldsymbol{G} \tag{4-1}$$

式中

$$\boldsymbol{Q} = \begin{pmatrix} \rho K \\ \rho \varepsilon \end{pmatrix} , \ \boldsymbol{E} = \begin{pmatrix} \rho u K \\ \rho u \varepsilon \end{pmatrix} , \ \boldsymbol{F} = \begin{pmatrix} \rho v K \\ \rho v \varepsilon \end{pmatrix} , \ \boldsymbol{H} = \frac{1}{y}\begin{pmatrix} \rho v K \\ \rho v \varepsilon \end{pmatrix}$$

$$\boldsymbol{R} = \left[\left(\mu + \frac{\mu_t}{\sigma_k} \right)\frac{\partial K}{\partial x} \left(\mu + \frac{\mu_t}{\sigma_\varepsilon} \right)\frac{\partial \varepsilon}{\partial x} \right]$$

$$\boldsymbol{S} = \left[\left(\mu + \frac{\mu_t}{\sigma_k} \right)\frac{\partial K}{\partial y} \left(\mu + \frac{\mu_t}{\sigma_\varepsilon} \right)\frac{\partial \varepsilon}{\partial y} \right]$$

$$\boldsymbol{G} = \begin{bmatrix} P_k - \rho\varepsilon - 2\mu\left[\left(\frac{\partial K^{\frac{1}{2}}}{\partial x} \right)^2 + \left(\frac{\partial K^{\frac{1}{2}}}{\partial y} \right)^2 \right]f_k + S_k \\ (f_1 C_1 P_k - f_2 C_2 \rho\varepsilon)\frac{\varepsilon}{K} - 2\frac{\mu\mu_t}{\rho}f_\varepsilon \begin{bmatrix} \left(\frac{\partial^2 u}{\partial x^2} \right)^2 + \left(\frac{\partial^2 u}{\partial y^2} \right)^2 + \left(\frac{\partial^2 v}{\partial x^2} \right)^2 + \left(\frac{\partial^2 v}{\partial y^2} \right)^2 + \\ 2\left(\frac{\partial^2 u}{\partial x \partial y} \right)^2 + 2\left(\frac{\partial^2 v}{\partial x \partial y} \right)^2 \end{bmatrix} + S_\varepsilon \end{bmatrix}$$

$$P_k = \mu_t \left\{ \frac{3}{4}\left[\left(\frac{\partial u}{\partial x} \right)^2 + \left(\frac{\partial v}{\partial y} \right)^2 + \left(\frac{\partial u}{\partial x}\frac{\partial v}{\partial y} \right) \right] + \left(\frac{\partial u}{\partial y} + \frac{\partial v}{\partial x} \right)^2 \right\} - \frac{2}{3}\rho K\left(\frac{\partial u}{\partial x} + \frac{\partial v}{\partial y} \right)$$

$$S_k = \frac{1}{y}\left(\mu + \frac{\mu_t}{\sigma_k} \right)\frac{\partial K}{\partial y} - \frac{2}{3}\mu_t \frac{v}{y}\left(\frac{\partial u}{\partial x} + \frac{\partial v}{\partial y} \right)$$

$$S_\varepsilon = \frac{1}{y}\left(\mu + \frac{\mu_t}{\sigma_\varepsilon} \right)\frac{\partial \varepsilon}{\partial y} - \frac{2}{3}C_1 f_1 \frac{\varepsilon}{K}\mu_t \frac{v}{y}\left(\frac{\partial u}{\partial x} + \frac{\partial v}{\partial y} \right)$$

其中

$$\mu_t = c_\mu f_\mu \rho K^2 / \varepsilon$$

$$f_\mu = \exp\left(\frac{-0.25}{1 + 0.02 Re_t^2 f_{k1}} \right) , \ Re_t = \rho K^2 / \mu\varepsilon$$

$$f_1 = 1$$

$$f_2 = 1 - 0.3\exp(-Re_t^2 f_{k2})$$

$$\sigma_k = 1, \sigma_\varepsilon = 1.3, c_\mu = 0.09, C_1 = 1.44, C_2 = 1.92$$

对于加质壁面，有

$$f_k = f_\varepsilon = \exp(-5.9 v_w^+)$$

$$f_{k1} = \exp(5.9 v_w^+)$$

$$f_{k2} = \exp(11.8 v_w^+)$$

$$v_w^+ = v_w / (\tau_w / \rho)^{\frac{1}{2}}$$

对于固壁边界，有

$$f_k = f_\varepsilon = f_{k1} = f_{k2} = 1$$

（2）颗粒相控制方程

连续方程

$$N_k = \int_A n_k v_{kn} \mathrm{d}A = \mathrm{const} \tag{4-2}$$

式中，A 为通道截面积；v_{kn} 为颗粒流速垂直于流管截面的分量。

动量方程

$$\frac{\mathrm{d}v_{ki}}{\mathrm{d}t} = (v_i - v_{ki})/\tau_{rk} + g_i \tag{4-3}$$

式中，τ_{rk} 为颗粒动力驰豫时间。

能量方程

$$\frac{\mathrm{d}T_k}{\mathrm{d}t} = (Q_h - Q_k - Q_{rk})/(m_k c_k) \tag{4-4}$$

式中，Q_h 为异相反应热；Q_{rk} 为颗粒辐射热；m_k 为 k 种颗粒每个颗粒的质量。

当颗粒和固体壁面碰撞时，采用 Tabakoff 等提出的颗粒碰撞前后的速度公式

$$\begin{cases} \dfrac{v_{n2}}{v_{n1}} = 1.0 - 0.415\,8\beta_1 - 0.499\,4\beta_1^2 + 0.292\beta_1^3 \\[2mm] \dfrac{v_{T2}}{v_{T1}} = 1.0 - 2.12\beta_1 + 3.077\beta_1^2 - 1.1\beta_1^3 \end{cases} \tag{4-5}$$

式中，v_{n1}、v_{n2} 和 v_{T1}、v_{T2} 分别为颗粒碰撞前后的法向和切向速度；β_1 是颗粒碰撞前的速度和壁面切向之间的夹角。

根据 v_{T2}，v_{n2} 就可求出颗粒碰撞后的角度 β_2

$$\beta_2 = \arctan\left(\frac{v_{n2}}{v_{T2}}\right) \tag{4-6}$$

（3）边界条件

①对称轴边界条件

在对称轴上，由于既无质量的交换，也无热量等其他物理量的交换，因此轴对称的物理边界条件是轴线上气体的径向速度为零，即

$$v = 0 \tag{4-7}$$

在对称轴上，所有物理量在其垂直方向上的梯度为零，即对于任意变量 Φ 有

$$\frac{\partial \Phi}{\partial y} = 0 \qquad\qquad (4-8)$$

计算中不需要给定任何参数，只需要确定合理的对称位置。由于轴对称模型只计算一半区域，另一半区域依据流动对称性得出，因此可以大大减少计算量。

②质量入口边界条件

质量入口边界条件用来规定进口的质量流量，设置进口边界上的质量总流量后，允许总压随着内部求解进程而变化。利用该边界条件可以模拟由于侵蚀效应而加入的燃气质量，如果边界上不同位置处的质量流量不同，可通过 profile 文件设置变化规律（$\dot{m}_b = \rho_p r$），利用 UDF 编程实现，质量入口的位置及质量流量可依据一维流场计算结果确定。

质量入口边界条件需要给出的参数有质量流率、总温、总压、流动方向、湍流参数等。对于亚声速入口，总压并不是必需的，此时入口处的压强可以由外推得到，对于超声速入口，则必须给出总压。

③出口边界条件

本文出口边界为发动机喷管出口截面，出口流动区域包括超声速主流区和亚声速近壁区，选用压力出口边界。对于超声速区不需给定任何边界条件，全部气流参数由内部流场二阶外推算出。对于亚声速出口，由于受外界影响，需要给出 1 个边界条件，即给定反压 P_{exit}，这里 $P_{exit} = P_a$，P_{exit} 也可以选择喷管处于完全膨胀状态时的出口压强。如果出口有回流存在，该边界条件可以处理出口回流问题。出口回流条件需要给定回流总温（能量方程）、湍流参数（湍流模型）等，合理地给定出口回流条件，有利于解决有出口回流的收敛困难问题。回流流动方向与出口边界垂直。

④颗粒相条件

颗粒相从加质壁面均匀散播，散播速度为 0，在其他固体壁面应用反弹模型，恢复系数为 0.8，推进剂中铝粉含量为 18%，颗粒直径分布范围为 1～100 mm，符合 Rosin - Rammler 分布，平均直径 $d = 15\ \mu m$，$n = 0.87$。

4.4.1.3　计算结果与分析

陶瓷隔舱双脉冲发动机由于隔舱支座的存在造成了燃烧室内后台阶流动，使得流体流动产生分离及再附着过程，同时在隔舱根部形成角涡，并在隔舱下游形成涡流，如图 4 - 41 所示。一脉冲燃烧室内的流动为亚声速受限射流运动，限制壁面为一脉冲燃烧室内壁，射流最大速度出现在隔舱下游附近。这是由于隔舱对燃气流有"聚拢"作用，亚声速燃气流流经隔舱，流通面积减小速度增加，在流入一脉冲燃烧室一段距离后，流速逐渐降低。

图 4 - 41　2 s 时刻一脉冲燃烧室内马赫数分布

由图 4 - 41 可看出，在隔舱下游处形成了涡流。由于气流再附着点附近被强化了，对流换热的热化学烧蚀更为剧烈，且机械剥蚀作用也非常显著。所以，气流再附着点出现的位置十分重要。为了更清楚地观察气流附着点出现的位置，本文观测了一脉冲壁面附近的燃气轴向速度，具体数值如图 4 - 42 所示，一脉冲燃烧室头部为 $x = 0$ m，负值表明此处产生涡流，其速度与主气流速度方向相反。如图 4 - 42 所示，在靠近隔舱根部的角涡速度不大，尺度也较小。接下来的一段速度负值则表征隔舱下游靠近壁面处形成涡流，此涡流区域较角涡尺度大得多，所达轴向速度绝对值也较大。当曲线由波谷逐渐升高与 $y = 0$ 轴再次相交时，速度由此再度变为正值，轴向速度为 0 的位置，即为发动机一脉冲气流附着点产生的位置，计算结果显示，该气流附着点出现位置在 $x = 0.78$ m 处。

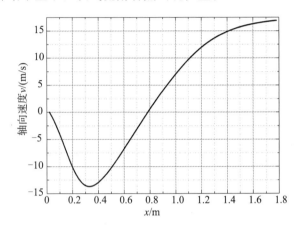

图 4 - 42　2 s 时刻一脉冲壁面附近轴向速度

　　由于机械剥蚀作用，除了气流侵蚀外，粒子冲蚀的作用也不容忽视，所以预测烧蚀最为严重的部位时，除观测各气相参数外，还应关注粒子运动轨迹。图 4 - 43 给出了燃烧室内粒子轨迹图，部分粒子集中在中心轴附近流出燃烧室，但也有一部分粒子中途撞击在一脉冲燃烧室壁面上，这是由于小粒径的粒子惯性小、随流性好，由于气流的分离再附着，而使得粒子随之撞击在壁面上。计算结果显示，颗粒撞击一脉冲燃烧室壁面的范围为 0.97～1.9 m。

4.4.1.4　结论

　　陶瓷隔舱双脉冲发动机陶瓷隔舱反向打开后，隔舱支座的节流作用使得一脉冲燃烧室内燃气流出现后台阶流动，由此造成的气流再附着及颗粒相冲刷过程均是影响一脉冲绝热层烧蚀不均匀的重要因素。

4.4.2　金属膜片隔舱流场数值分析

　　金属膜片隔舱在二脉冲工作后，金属膜片完全打开，二脉冲燃气经多孔支撑件通孔后流入一脉冲燃烧室，随着工作时间增加，多孔支撑件逐步烧熔，通孔面积逐步增大。考虑不同时刻对应着不同的通孔面积，需要对不同通孔面积情况下的内流场进行数值计算，分析其对发动机绝热层烧蚀和流动损失的影响。

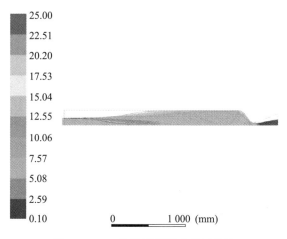

图 4-43   一脉冲燃烧室内粒子轨迹

4.4.2.1   物理模型

发动机由一脉冲燃烧室、金属膜片隔舱、二脉冲燃烧室和喷管组成。其中，一脉冲燃烧室与二脉冲燃烧室之间只保留多孔支撑件，级间多孔支撑件上开有多个通孔，称为级间孔。流场计算物理模型如图 4-44 所示。

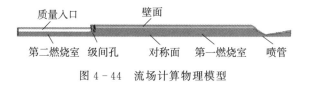

图 4-44   流场计算物理模型

随着工作时间的增加，多孔支撑件通孔逐步增大，给出了 3 个典型时刻多孔支撑件的物理模型，通孔烧蚀规律按照平行层线性烧蚀假设，烧蚀率由试验后多孔支撑件残骸反算得到。不同时刻多孔支撑件物理模型如图 4-45 所示。

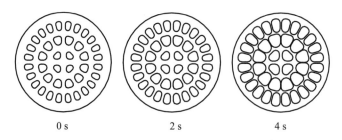

0 s   2 s   4 s

图 4-45   不同时刻多孔支撑件物理模型

4.4.2.2   数学模型

采用三维可压缩 $K-\varepsilon$ 湍流模型进行数值模拟。

连续方程

$$\frac{\partial \rho}{\partial t} + \frac{\partial}{\partial x_j}(\rho u_j) = 0 \qquad (4-9)$$

动量方程

$$\frac{\partial}{\partial t}(\rho u_i) + \frac{\partial}{\partial x_j}(\rho u_i u_j) = -\frac{\partial p}{\partial x_i} + \frac{\partial \tau_{ij}}{\partial x_j} - \frac{\partial}{\partial x_j}(\overline{\rho u_i'' u_j''}) \qquad (4-10)$$

能量方程

$$\frac{\partial}{\partial t}(\rho E) + \frac{\partial}{\partial x_j}(\rho E + p)u_j = \frac{\partial}{\partial x_j}(\tau_{ij} u_i) + \frac{\partial}{\partial x_j}\left(k_e \frac{\partial T}{\partial x_j}\right) - \frac{\partial}{\partial x_j}(\overline{\rho E'' u_j''} + \overline{p u_j''} - \overline{\tau_{ij} u_i''})$$

$$(4-11)$$

湍动能方程

$$\frac{\partial}{\partial t}(\rho K) + \frac{\partial}{\partial x_k}(\rho K u_k) = \frac{\partial}{\partial x_k}\left[\left(\mu + \frac{\mu_t}{\sigma_k}\right)\frac{\partial K}{\partial x_k}\right] + P_k - \rho\varepsilon - 2\mu\left(\frac{\partial K^{0.5}}{\partial x_k}\right)^2 f_k$$

$$(4-12)$$

湍动能耗散率方程

$$\frac{\partial}{\partial t}(\rho\varepsilon) + \frac{\partial}{\partial x_k}(\rho\varepsilon u_k) = \frac{\partial}{\partial x_k}\left[\left(\mu + \frac{\mu_t}{\sigma_\varepsilon}\right)\frac{\partial\varepsilon}{\partial x_k}\right] + (C_1 P_k - C_2 f_2 \rho\varepsilon)\frac{\varepsilon}{K} \quad (4-13)$$

$$-2\mu\mu_t f_\varepsilon\left(\frac{\partial^2 u_k}{\partial x_i \partial x_j}\right)^2$$

其中

$$\tau_{ij} = \mu_e\left(\frac{\partial u_i}{\partial x_j} + \frac{\partial u_j}{\partial x_i}\right) - \frac{2}{3}\mu_e(\nabla \cdot \mathbf{V})\delta_{ij}$$

$$E = e + \frac{V^2}{2}$$

$$P_k = \mu_t\left[\left(\frac{\partial u_i}{\partial x_k} + \frac{\partial u_k}{\partial x_i}\right)\frac{\partial u_i}{\partial x_k} - \frac{2}{3}\left(\frac{\partial u_k}{\partial x_k}\right)^2\right] - \frac{2}{3}\rho K \frac{\partial u_k}{\partial x_k}$$

$$\mu_e = \mu + \mu_t$$

$$k_e = k + k_t = \frac{R\gamma}{\gamma - 1}\left(\frac{\mu}{Pr} + \frac{\mu_t}{Pr_t}\right)$$

$$\mu_t = c_\mu f_\mu \rho K^2/\varepsilon$$

$$f_\mu = \exp\left(\frac{-0.25}{1 + 0.02Re_t^2 f_{k1}}\right), Re_t = \rho K^2/\mu\varepsilon$$

$$f_1 = 1$$

$$f_2 = 1 - 0.3\exp(-Re_t^2 f_{k2})$$

$$\sigma_k = 1, \sigma_\varepsilon = 1.3, c_\mu = 0.09, C_1 = 1.44, C_2 = 1.92$$

对于加质壁面，有

$$f_k = f_\varepsilon = \exp(-5.9v_w^+)$$

$$f_{k1} = \exp(5.9v_w^+)$$

$$f_{k2} = \exp(11.8v_w^+)$$

$$v_w^+ = v_w / (\tau_w/\rho)^{\frac{1}{2}}$$

对于固壁边界，有

$$f_k = f_\epsilon = f_{k1} = f_{k2} = 1$$

式中，ρ，u，v，p 和 T 分别是燃气密度、轴向速度、径向速度、压强和温度；K 是湍动能；ϵ 是湍动能扩散率；μ 和 μ_t 是分子粘性系数和湍流粘性系数；k 和 k_t 是分子导热系数和湍流导热系数；Pr 和 Pr_t 是普朗特数和湍流普朗特数；γ 和 R 是燃气的比热比和气体常数；e 是单位质量燃气能量；δ_{ij} 是 Kronecker 符号，当 $i=j$ 时，$\delta_{ij}=1$；当 $i \neq j$ 时，$\delta_{ij}=0$，i，j 取值范围是（1，2，3）。对于发动机内的燃气，单位质量燃气能量 e 为

$$e = c_v T + \frac{1}{2}(u^2 + v^2) + K$$

分子粘性系数可近似按下式计算

$$\mu = 1.184\,6 \times 10^{-7} M_g^{0.5} T^{0.67}$$

式中，M_g 是气相平均相对分子质量。

4.4.2.3　计算结果与分析

（1）通过开孔截面的速度矢量及流线

从 0 s 到 4 s 燃气再附着点位置逐渐向一脉冲壳体后端移动，具体如图 4 - 46 所示。隔舱射流在离多孔支撑件一定距离后再次接触一脉冲壳体内壁，形成一个大的涡流。

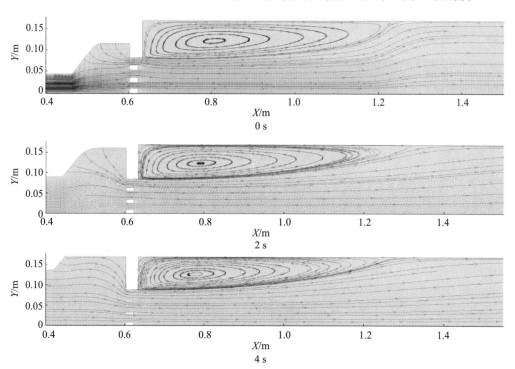

图 4 - 46　隔舱开孔截面上的速度矢量和流线图

（2）Al_2O_3 粒子轨迹分布

粒子从二脉冲流经多孔支撑件通孔之后撞击一脉冲壳体的位置与燃气流经多孔支撑件通孔之后的再附着点位置相符合，从 0 s 到 4 s 粒子直接撞击壁面的位置距离多孔支撑件越来越远，这是由燃气流分离再附着位置的变化引起的。燃烧室内 Al_2O_3 粒子轨迹分布图如图 4 - 47 所示。

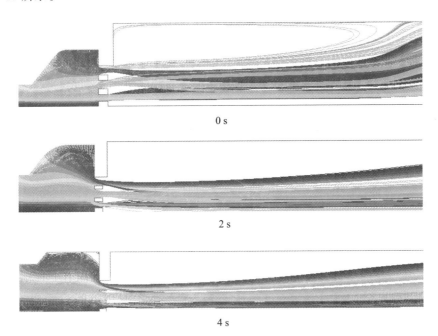

0 s

2 s

4 s

图 4 - 47　燃烧室内 Al_2O_3 粒子轨迹分布图

4.4.2.4　结论

采用发动机工作不同时刻形成的不同开孔形式的金属膜片式多脉冲发动机稳态二维内流场进行仿真计算，计算结果表明隔舱背壁区涡流会加重该区域的烧蚀情况，气流再附着点附近的烧蚀情况最严重。随着工作时间的增加，烧蚀严重区域逐渐推移，形成一个轴向的烧蚀带，这与试验结果高度一致。

4.5　隔舱试验技术

隔舱试验主要包括正向承压试验和反向打开试验。

隔舱正向承压试验主要是考核隔舱正向的承载能力和密封性能，确保隔舱在一脉冲高压作用下的结构完整性，隔舱正向承压极限压强安全系数通常要求大于 1.5。

隔舱反向打开试验主要是获得隔舱的打开压强、隔舱的打开位置与破坏形式，并通过一定数量的试验获得隔舱打开压强的波动范围。

隔舱试验根据加载介质可以分为冷流试验和热流试验。冷流试验通常采用水压或气压，考虑到安全因素，一般压强小于 10 MPa 的试验采用氮气介质，大于 10 MPa 的采用水介质。热流试验则是利用药柱燃烧产生的热燃气作为加载介质，可以真实地模拟燃烧室内快速升压过程，获得隔舱动态打开相关数据。

4.5.1　隔舱正向承压试验

隔舱正向所承压强一般相对稳定且持续时间较长，往往可以当作静态载荷处理。而冷流试验的升压速度较慢，更容易控制作用在隔舱上的压强，能够有效考核隔舱的正向承压能力，所以隔舱正向承压试验一般采用冷流试验，并且通常作为隔舱出厂交付前的验收试验。隔舱正向承压冷流试验如图4-48所示。

试验装置主要由一脉冲试验容器、二脉冲试验容器和隔舱组件组成，在两个脉冲试验容器上均设计有进水（气）口、排水（气）口和测压口。

试验过程：将一脉冲试验容器进水（气）口与水（气）压管路连接，向一脉冲试验容器中注入水（气），监测一脉冲试验容器内的压强变化。当一脉冲试验容器内压强达到最大设计压强（P_{1max}）的1.5倍时，即$P_1 = 1.5P_{1max}$时，停止加压，稳压时间大于一脉冲工作时间。若一脉冲试验容器内压强P_1保持不降低，则表明隔舱结构完整，满足正向承压和密封要求。

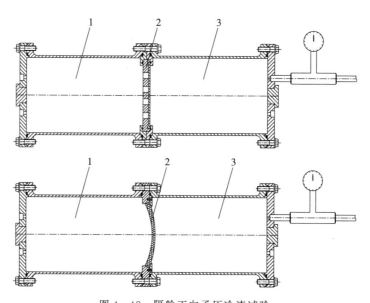

图4-48　隔舱正向承压冷流试验

1—二脉冲试验容器；2—隔舱组件；3——脉冲试验容器

4.5.2　隔舱反向打开试验

（1）隔舱反向打开冷流试验

隔舱反向打开冷流试验与正向承压试验类似，利用水（气）作为压力传递介质，通过水（气）升压实现隔舱的反向打开。隔舱反向打开冷流试验过程简单，成本较低，但不能准确模拟快速升压过程，试验获得的反向打开压强只能作为隔舱设计的初步参考。隔舱反向打开冷流试验如图 4 - 49 所示。

　　试验装置主要由一脉冲试验容器、二脉冲试验容器和隔舱组件组成，在两个脉冲试验容器上均设计有进水（气）口、排水（气）口和测压口。

　　试验过程：将二脉冲试验容器进水（气）口与水（气）压管路连接，向二脉冲试验容器中注入水（气），监测二脉冲试验容器内的压强变化。当隔舱瞬时打开时，二脉冲试验容器内的压强会突然降低，记录二脉冲试验容器内最高压强，获得隔舱静态打开压强，观察隔舱破坏位置、打开状态及破坏形式。

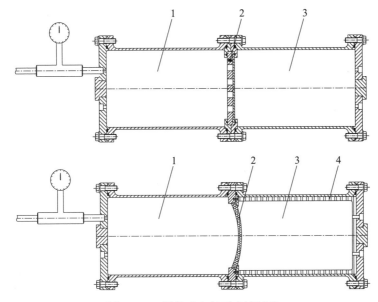

图 4 - 49　隔舱反向打开冷流试验

1—二脉冲试验容器；2—隔舱组件；3——脉冲试验容器；4—腻子（用于回收陶瓷碎片）

（2）隔舱热流动态打开试验

　　隔舱反向打开过程一般持续时间较短（通常在 50 ms 以内），为模拟二脉冲点火快速升压过程，利用二脉冲药柱燃烧产生的热流燃气，进行隔舱反向打开热流试验，获得隔舱动态打开压强、打开位置与破坏形式，并通过一定数量的试验获得隔舱动态打开压强的波动范围。隔舱热流动态打开试验一般较为复杂，成本相对较高，但能准确模拟快速升压过程，试验获得的反向打开压强可以直接作为设计值使用。隔舱热流动态打开试验如图 4 - 50 所示。

　　试验装置主要由一脉冲试验容器、二脉冲试验容器、隔舱组件、二脉冲药柱和二脉冲点火器组成。

　　试验过程：在两级脉冲试验容器测压口均安装压强传感器，通过二脉冲点火器点燃二脉冲药柱，利用二脉冲药柱燃烧产生的热流燃气，进行隔舱热流动态打开试验。通过压强传感器监测两级脉冲试验容器内的压强变化情况，一般将一脉冲压强升高同时二脉冲压强降低时刻确定为隔舱打开时刻，该时刻对应的二脉冲压强为隔舱热流动态打开压强，试验后观察隔舱破坏位置、打开状态及破坏形式。

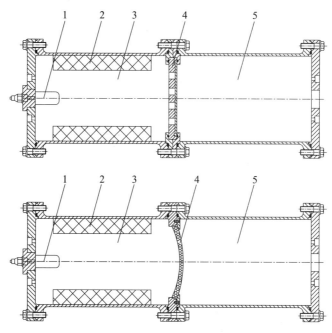

图 4 - 50　隔舱热流动态打开试验

1—二脉冲点火器；2—二脉冲药柱；3—二脉冲试验容器；4—隔舱组件；5——脉冲试验容器

4.5.3　实例及结果分析

（1）实例一：陶瓷隔舱冷流试验

进行了陶瓷隔舱正向承压及反向打开冷流试验，试验结果见表 4 - 3。

表 4 - 3　陶瓷隔舱冷流试验结果

设计参数	正向承受压强/MPa	反向打开压强/MPa	破口尺寸/mm	碎片尺寸/mm
试件	15	2.8	$\phi 81 \sim \phi 88$	$10 \times 7 \times 5$

在一脉冲试验容器内壁上附着一层腻子，以便于收集陶瓷隔舱碎片，陶瓷隔舱碎片撞击到腻子上缓冲后不会二次破碎。同时，根据碎片进入腻子的深度，判断陶瓷碎片撞击速度及对发动机的损害程度。陶瓷隔舱冷流试验后照片如图 4 - 51 所示，试验结果表明，陶瓷碎片并未深深嵌入腻子中，说明陶瓷碎片对于发动机壁面的损害程度不大。

（2）实例二：金属膜片隔舱试验

①金属膜片隔舱冷流试验

开展金属膜片隔舱冷流单项试验，多孔支撑件均保持一致，研究了不同金属膜片厚度、不同刻槽深度对隔舱正向承压和反向打开压强的影响，试验结果见图 4 - 52 和表 4 - 4。

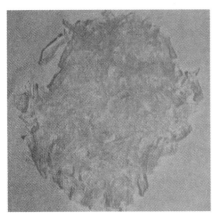

图 4 - 51　陶瓷隔舱冷流试验后照片

正面　　　　　　　　　　　　　　　　　反面

图 4 - 52　金属膜片隔舱冷流试验后照片

表 4 - 4　金属膜片隔舱冷流试验结果

编号	金属膜片厚度/mm	刻槽深度/mm	刻槽处厚度/mm	正向承受压强/MPa	反向打开压强/MPa
A	3	2	1	15.1	4.40
B	2.5	1.5	1	15.3	3.75
C	2	1	1	15.2	3.20
D	3	1.5	1.5	15.2	5.50
E	2.5	1	1.5	15.4	5.05
F	2	0.5	1.5	15.0	4.30

试验结果表明：

1) 金属膜片厚度、刻槽深度和刻槽处厚度对隔舱正向承压能力影响较小，隔舱正向承压能力主要由多孔支撑件的设计参数决定。

2）当刻槽处厚度相同时，隔舱反向打开压强随着金属膜片厚度的增加而增加，金属膜片厚度增加 0.5 mm，隔舱反向打开压强增加 0.6 MPa 左右。

3）当刻槽深度相同时，隔舱反向打开压强随着刻槽处厚度的增加急剧增加，刻槽处厚度增加 0.5 mm，反向打开压强增加 1.8 MPa 左右。所以，刻槽处厚度对于隔舱反向打开压强起着决定性的作用。

②金属膜片隔舱冷热流反向打开对比试验

开展金属膜片隔舱冷热流打开对比试验，研究了隔舱反向打开压强的一致性和稳定性，以及冷热流作用结果的差异，试验结果见图 4-53 和表 4-5。试验结果表明：

1）金属膜片反向打开压强的一致性较好，打开压强较为稳定。

2）热流打开压强平均为 2.21 MPa，较冷流打开压强（3.75 MPa）低约 1.54 MPa。

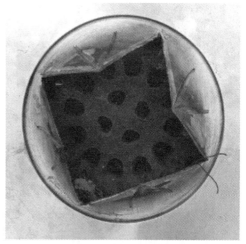

图 4-53　金属膜片隔舱热流打开试验后照片

表 4-5　金属膜片隔舱冷热流打开试验

编号	试验 1	试验 2	试验 3	试验 4	平均值
冷流打开压强/MPa	3.5	4.0	3.75	3.75	3.75
热流打开压强/MPa	2.4	2.0	2.35	2.1	2.21

（3）实例三：蜂窝塞隔舱反向打开试验[19]

通过 X 射线高速实时荧屏分析（RTR）技术，对蜂窝塞隔舱试验发动机的二次点火过程进行内视研究，研究蜂窝塞隔舱的打开模式以及塞子在一脉冲燃烧室中的运动规律，获得塞子飞出隔舱后的平均速度及塞子与喷管碰撞后的反弹速度，为该类型发动机的设计提供实验依据。蜂窝塞隔舱反向打开试验装置如图 4-54 所示。

试验装置主要由一脉冲燃烧室（空）、蜂窝塞隔舱（隔板＋塞子）、二脉冲燃烧室（假药柱＋推进剂）、点火药和喷管组成。二脉冲燃烧室放置假药柱，以模拟真实工作状态下燃烧室的自由容积以及流动状态。

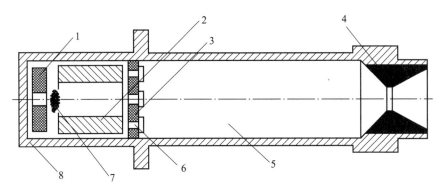

图 4-54　蜂窝塞隔舱反向打开试验装置

1—推进剂；2—假药柱；3—隔板；4—喷管；5——脉冲空燃烧室；6—塞子；7—点火药；8—二脉冲燃烧室

试验过程：二脉冲燃烧室中点火药包用黑火药和点火头制成，中间的隔板开有若干孔，用塞子塞住，当二脉冲燃烧室点火药包点火时，二级燃烧室的压力将塞子吹出隔板，通过压力传感器测试二脉冲燃烧室内压强，通过 X 射线高速实时荧屏分析（RTR）技术结合图像处理技术，对一脉冲燃烧室内塞子运动轨迹进行研究。

试验中压强-时间实测曲线如图 4-55 所示，分析试验结果如下。

① 隔舱打开模式及塞子运动规律

试验获得了蜂窝塞隔舱的打开模式以及塞子在一脉冲燃烧室中的运动规律，试验结果表明：

1）隔舱打开时塞子并非同时从隔板飞出，但前后分散程度不是很大，塞子飞出后的速度和方向基本保持一致。

2）塞子从隔板飞出后，在一脉冲燃烧室中的运动方向与燃烧室的轴线基本保持平行，没有与燃烧室壁发生碰撞。

3）塞子到达喷管后，靠近中心线的一小部分塞子直接排出喷管，另一部分塞子与喷管收敛段发生碰撞向回反弹，与碰撞前的速度相比反弹速度明显降低。

4）塞子反弹后的运动方向差异比较大，一部分塞子和燃烧室壁发生多次碰撞，一直弹回燃烧室头部，并与隔板发生碰撞。

② 隔舱打开压强及塞子平均速度

试验中获得的最大压强即为隔舱的打开压强，压强急剧下降段的时间间隔为塞子的打开时间。将 5 发试验的压强-时间曲线画在一个坐标系中，发现除压强峰差别比较明显外，其他部分重合得非常好。

隔舱冷热流打开试验结果见表 4-6，试验结果表明：

1）塞子到达喷管时的速度大于飞离隔板时的速度，即塞子在一脉冲燃烧室中呈加速飞行。

2）隔舱打开压强和塞子飞行速度之间的关系并不像想象的那么大，估计这是由于隔舱打开瞬间，气流在塞孔发生拥塞造成的。

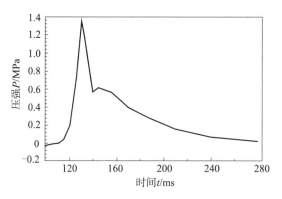

图 4 - 55　试验中压强-时间实测曲线

　　3）对比试验 5 - 1 和试验 5 - 2 可以发现，塞子与喷管收敛段发生碰撞后的速度迅速衰减，试验后在喷管收敛段发现有许多碰撞小凹坑。

表 4 - 6　隔舱冷热流打开试验

项目	试验 1	试验 2	试验 3	试验 4	试验 5 - 1	试验 5 - 2
打开压强/MPa	1.106	1.140	1.115	1.136	1.110	
平均速度/(m/s)	27	28	25	25	30	3.9

注：试验 5 - 1 为塞子到达喷管之前的平均飞行速度，试验 5 - 2 为塞子与喷管收敛段碰撞后的反弹速度。

参 考 文 献

[1] 刘雨，利凤祥，李越森，马亮，等．多脉冲固体火箭发动机陶瓷舱盖结构分析 [J]．固体火箭技术，2008，31 (2)：179 - 183.

[2] 王春光，任全彬，田维平，等．脉冲发动机中金属膜片式隔舱动态破坏过程研究 [J]．固体火箭技术，2012，36 (1)：22 - 26.

[3] 马亮，韩丽霞，等．多维编织复合网软隔舱技术 [C]．2010 年中国航天科技集团公司第四研究院第四十一研究所（院科技委）固体火箭发动机技术学术交流会论文集，2010.

[4] 刘伟凯，何国强，王春光．双脉冲发动机中金属膜片动态与静态打开对比分析 [J]．推进技术，2014，35 (9)：1259 - 1264.

[5] 王伟，李江，王春光，等．隔舱式双脉冲发动机金属膜片设计与实验研究 [J]．推进技术，2013，34 (8)：1115 - 1120.

[6] 陈雄，李映坤，刘锐，李宏文．基于耦合传热的双脉冲发动机热防护层受热分析 [J]．推进技术，2016，37 (1)：83 - 89.

[7] 刘亚冰，王长辉，等．双脉冲发动机燃烧室局部烧蚀特性分析 [J]．固体火箭技术，2011，34 (4)：453 - 456.

[8] 孙娜，娄永春，孙长宏，等．某双脉冲发动机燃烧室两相流场数值分析 [J]．固体火箭技术，2012，35 (3)：335 - 338.

[9] 李映坤，韩珺礼，陈雄，等．级间通道构型对双脉冲发动机燃烧室局部受热的影响 [J]．推进技术，2014，35 (11)：1503 - 1510.

[10] 曹熙炜，刘宇，任军学，等．内孔隔板脉冲固体火箭发动机流场分析 [J]．航空动力学报，2011，26 (2)：448 - 452.

[11] 王长辉，刘亚冰，林震，等．脉冲发动机陶瓷隔舱的设计和试验研究 [J]．固体火箭技术，2010，33 (3)：327 - 331.

[12] 石瑞，王长辉，苌艳楠．双脉冲固体发动机铝膜隔板设计和试验研究 [J]．固体火箭技术，2013，36 (2)：190 - 194.

[13] 刘亚冰，王长辉，刘宇，等．双脉冲固体发动机隔板预紧载荷数值分析 [J]．固体火箭技术，2010，33 (5)：573 - 577.

[14] 刘世东，张辉，杨小良．脉冲发动机级间隔离技术研究 [J]．航空兵器，2011 (4)：55 - 57.

[15] 尹自宾，房雷．一种脉冲固体火箭发动机内流场数值分析 [J]．弹箭与制导学报，2014，34 (2)：101 - 104.

[16] 陈国胜，沈亚鹏，陶甫贤．陶瓷盖板结构的应力分析 [J]．固体火箭技术，1994，17 (2)：55 - 65.

[17] 白涛涛，莫展，张跃峰，等．硬质隔板双脉冲发动机内流场仿真研究 [J]．航空兵器，2015 (3)：51 - 53.

[18] 刘伟凯，惠博. 双脉冲发动机中金属膜片式隔舱设计方法 [J]. 固体火箭技术，2013，36（4）：486 - 491.

[19] 李江，肖育民，何国强，等. 双脉冲固体火箭发动机二次点火内视研究 [J]. 推进技术，1998，19（3）：61 - 64.

第5章　隔层柔性软隔离技术

隔层式多脉冲发动机的隔离装置采用柔性软隔离方式，将燃烧室内的药柱分隔成几部分，隔层不作为发动机的独立结构承力件，需要借助后级脉冲药柱和绝热壳体来承担前级脉冲的工作压强，同时还要起隔热和密封作用。常见的隔层有轴向隔层、轴向＋径向隔层。

隔层柔性软隔离技术是多脉冲固体发动机的核心技术。

5.1　隔层功能及技术要求

5.1.1　隔层主要功能

隔层一般位于两级脉冲药柱之间，将两级脉冲药柱物理隔开，其主要功能如下：

1）在一脉冲工作期间，隔层依靠二脉冲药柱及绝热壳体承压，同时起隔热和密封作用，防止二脉冲药柱被意外引燃。

2）在二脉冲点火冲击作用下，隔层能够沿着预设薄弱部位可靠打开，并形成燃气通道，在二脉冲燃气作用下烧蚀掉。

隔层结构及工作过程示意图如图 5-1 所示。

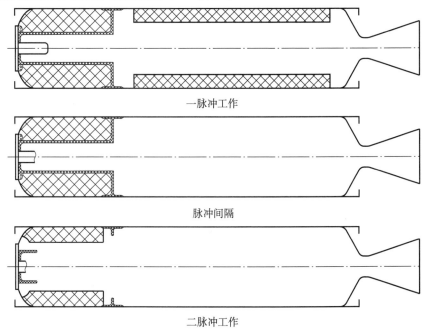

一脉冲工作

脉冲间隔

二脉冲工作

图 5-1　轴向＋径向隔层结构及工作过程示意图

5.1.2 隔层技术要求

隔层主要技术指标要求如下（规定顺航向为正向，逆航向为反向）：

（1）正向技术要求

1）依靠后级药柱与绝热壳体的承载能力：$P_{正向} \geqslant 1.3 P_{前级 \, max}$。

2）背面温度（前级脉冲工作时间＋脉冲间隔时间）＜推进剂点燃温度（一般为 200 ℃ 左右）。

3）具有较好的密封性能。

（2）反向技术要求

1）打开压强：$P_{反向} = 0.5 \sim 1.5$ MPa。

2）打开位置：预设薄弱部位（根据隔层结构，设计相应的薄弱部位）。

3）破口面积：$S_{破口} \geqslant 2 S_{喉部}$。

（3）其他技术要求

使用温度范围：$-40 \sim +60$ ℃。

其中，$P_{前级 \, max}$ 为前级脉冲最大工作压强，$S_{喉部}$ 为喷管喉部面积。

5.2　隔层材料性能

5.2.1　隔层材料性能要求

隔层通常采用柔性软质橡胶材料，型面设计要求与后一级脉冲药柱相匹配。隔层本身不作为独立的承力结构件，工作时主要起隔热和密封作用，同时需要借助后一级脉冲药柱及绝热壳体来承载。因此，根据隔层的功能特点，要求其材料具有如下性能。

（1）力学性能要求

隔层材料必须具有较好的力学性能。在前一脉冲工作期间，隔层材料需要有一定的强度和较好的伸长率，以满足隔层随药柱的变形协调性，尤其是低温－40 ℃ 条件下的环境适应性，必须确保工作期间隔层结构完整。在后一脉冲建压过程中，隔层材料需要具有一定的拉伸强度，以满足隔层打开压强及波动性要求，确保后一脉冲快速建压。工程上一般要求抗拉强度 $\sigma_m \geqslant 4$ MPa，断裂伸长率 $\varepsilon_b \geqslant 360\%$。

（2）界面粘接性能要求

轴向＋径向隔层的头部需要与金属顶盖模压为一体，为保证粘接质量，需对金属顶盖表面进行处理（喷砂或酸洗），除去金属表面的油质，提高粘接性能，确保粘接牢固。隔层材料与金属顶盖的粘接强度一般通过随炉试件来表征，试件的制备、试验条件均需与实际条件保持一致。隔层材料/金属顶盖材料粘接试件抗拉强度≥2.7 MPa。

轴向＋径向隔层的尾部需要与燃烧室绝热层粘接，为了确保界面质量，粘接表面必须进行处理，以保证界面粘接表面粗糙度。同时，隔层粘接胶的种类、施工工艺、胶层厚度等需加以控制，确保隔层与绝热层之间具有较高的粘接强度。隔层材料（熟）/绝热层材料（熟）粘接试件抗拉强度≥2 MPa。

（3）烧蚀率

在发动机前一脉冲工作时，隔层与普通发动机绝热层一样，直接暴露于燃气中，加之在飞行过程中，导弹按照弹道设计要求，伴随不同过载工况，隔层被燃气流烧蚀、冲刷掉，在脉冲间隔期，隔层持续炭化。为保证在高温高压高流速燃气作用下，隔层结构保持完整，隔层材料需要有较好的抗冲刷性能，在材料参数表征时，即要求隔层材料具有较小的烧蚀率，以确保前一脉冲工作期间隔层结构的完整性。结合工程研制经验，一般要求烧蚀率≤0.20 mm/s。

（4）热导率

隔层材料的隔热性能直接关系到脉冲发动机的成败，做好隔层材料的隔热结构设计十分重要。隔层隔热性能的好坏取决于隔层本身的热导率和隔层结构的厚度设计，隔层导热性能低，隔层设计厚度可减薄，从而降低消极质量，发动机质量比更高。因此，隔层材料需要有较低的热导率，以降低隔层的热传导，确保后一脉冲药柱与点火器的安全性。一般要求热导率≤0.30 W/（m·K）。

（5）密度

隔层材料密度直接影响隔层质量，为减小发动机消极质量，隔层材料需要有较低的密度，在相同隔层结构下，降低隔层材料密度可提高发动机的质量比。一般要求密度 $\rho \leqslant$ 1.05 g/cm^3。

（6）玻璃化温度

根据发动机的使用用途，隔层需要有较好的环境适应性，在温差应力和机械冲击力的作用下，保证结构不产生裂纹或损伤，具有较好的结构完整性。特别是对于橡胶类隔层材料，其在低温工况下性能降低，在有外力作用时，极易发生破坏。因此，隔层材料必须有较低的玻璃化温度，以满足低温 −40 ℃的工作环境要求。一般要求玻璃化温度 $T_g \leqslant$ −40 ℃。

5.2.2　隔层材料低温性能

多脉冲发动机隔层采用橡胶材料，以橡胶为基体，适应性地添加耐烧蚀填料、阻燃剂、硫化剂、工艺助剂等组分，具有伸长率高、耐热性好、密度低、抗烧蚀性能好等特点，但作为多脉冲发动机隔层材料使用时，普遍存在材料性能各向异性和玻璃化温度偏高等问题，在低温 −40 ℃工况下已进入橡胶材料的玻璃态，在外界冲击下易形成材料损伤，不能很好地满足战术导弹发动机低温环境工作需求，因此需要提高隔层材料的低温适应性能。

为了降低隔层材料的玻璃化温度，同时保持较高的力学性能和耐烧蚀性能，在现有橡胶材料配方的基础上，通过减少耐烧蚀填料含量、添加白炭黑等措施，改善材料的各向异性。通过添加低温助剂，降低材料的玻璃化温度，提高材料的低温性能。

以某隔层材料为例，对改进前后的材料分别开展了（−40 ℃，500 mm/min）和（−50 ℃，500 mm/min）两种工况的力学性能试验，隔层材料低温力学性能拉伸曲线如图 5−2 所示，隔层材料性能见表 5−1，结果表明，改进后隔层材料在−50 ℃下的低温拉伸曲线平滑，断裂延伸率明显提高，隔层材料低温性能得到有效改善。

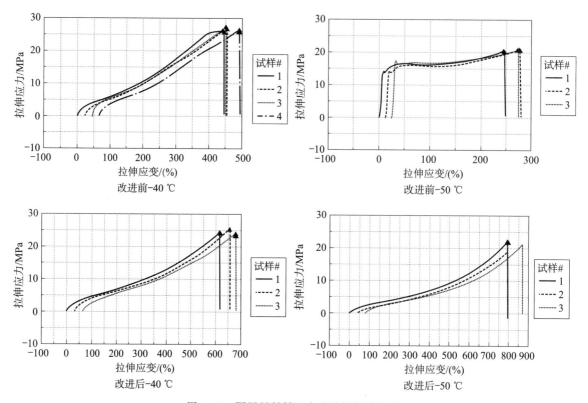

图 5−2　隔层材料低温力学性能拉伸曲线

表 5−1　隔层材料性能

项目	玻璃化温度/℃	密度/(g/cm³)	常温拉伸强度/MPa	常温断裂伸长率/(%)	线烧蚀率/(mm/s)	生橡胶$_{生}$/金属/MPa	生橡胶$_{生}$/熟橡胶$_{熟}$/MPa
性能	−54.6	1.03	8.0	1 490	0.18	4.19~4.51	3.36~4.57

5.3　隔层主要类型及结构

5.3.1　轴向隔层

轴向隔层一般采用头帽状结构设计，与端燃包覆药柱配合粘接，沿发动机轴向将药柱物理隔离，主要起绝热和密封作用，同时隔层可与药柱一起自由变形，解决了二者的变形协调性问题。

轴向隔层主要由柱段和底部构成，采用整体模压成型工艺或整体注塑成型工艺，柱段和底部通过半径 r_3 圆滑过渡，以加强根部强度。

　　隔层柱段内径 r_1 与包覆药柱外径相互配合，通过常温固化体系胶粘剂粘接为一体，粘接长度需要根据粘接部位有限元分析确定，要求界面剪切强度大于 3.0 MPa。

　　隔层底部内侧直径 d_2 与包覆药柱端面相匹配，采用变厚度设计（中心薄、边缘厚），最小厚度根据隔层传热仿真分析确定，确保前级脉冲工作期间隔层内侧温度小于推进剂的点燃温度。底部外侧设计有从中心向周边辐射的 8 条预制削弱槽，确保在后级脉冲高压燃气作用下，隔层沿削弱槽可靠打开，呈花瓣状翻转并逐渐烧蚀掉。

　　轴向隔层根据轴向隔层结构设计的不同，目前主要分为三类：平面底隔层、球面底隔层和异型底隔层。平面底隔层内型面与药柱表面完全贴合，成型工艺简单。球面底隔层在后级脉冲工作时，更利于隔层快速可靠打开。异型底隔层可在相应空间处合理布局脉冲点火装置，有利于增加燃烧室装填比，提高发动机质量比。

　　轴线隔层示意图如图 5 - 3 所示，实物如图 5 - 4 所示。

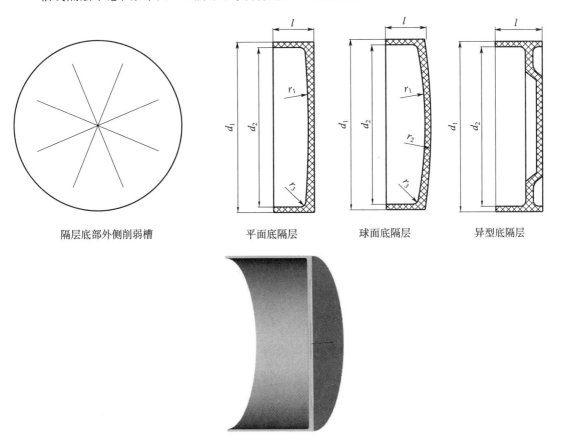

隔层底部外侧削弱槽　　　　　　平面底隔层　　　　　　球面底隔层　　　　　　异型底隔层

图 5 - 3　轴向隔层示意图

　　由于隔层与包覆药柱通过胶粘剂粘接在一起，粘接质量直接影响发动机质量，因此，胶粘剂性能至关重要。胶粘剂的性能要求主要如下：

　　1）胶粘剂采用常温固化体系配方，通过布带缠绕加压固化或气压斧加压固化，固化温度为 20 ± 10 ℃，固化时间大于 24 h，以确保粘接过程的安全性和可靠性。

图 5-4　轴向隔层实物（试验件）

2）胶粘剂具有较好的耐高温性，要求 500 ℃时胶粘剂的各项性能不得低于 20 ℃时的 80％。

3）胶粘剂具有较好的韧性，伸长率要求大于 150％。

4）胶粘剂固化过程中要求不发生剧烈放热，不产生大量气体。

对粘接完毕的隔层进行 CT 无损探伤，要求粘接界面无脱粘、无气孔、无夹杂等缺陷，确保隔层与包覆药柱之间的粘接质量可靠。

轴向隔层与药柱位置关系示意图如图 5-5 所示。

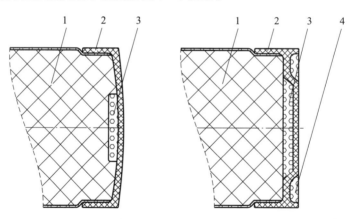

图 5-5　轴向隔层与药柱位置关系示意图

1—端燃包覆药柱；2—轴向隔层；3—后级脉冲点火器；4—前级脉冲点火器

5.3.2　轴向＋径向隔层

轴向＋径向隔层主要由轴向隔层和径向隔层组成，径向隔层的前端与金属顶盖模压为一体，通过法兰或卡环与壳体前接头连接。轴向＋径向隔层形成一个完整的、密闭的空间，将后级脉冲药柱完全包裹隔离，在前级脉冲工作期间起绝热和密封作用。在后级脉冲高压燃气作用下隔层预设薄弱部位受拉断裂，可靠打开，并随高温燃气逐渐烧蚀掉。

　　轴向＋径向隔层采用软质柔性橡胶材料，通过模具整体模压成型或整体注塑成型。轴向隔层采用喇叭状结构设计，喇叭口角度需与药柱的端侧面相匹配，轴向隔层的大端与壳体绝热层粘接。径向隔层采用管状或花瓣状结构设计，外径需与燃烧室药柱内孔相匹配，管状适用于内孔型面，花瓣状适用于翼柱型面，径向隔层结构均与药柱的型面相匹配。相比于管状径向隔层，花瓣状隔层工艺更复杂，但有利于二脉冲药型设计优化和推进剂能量水平的发挥，从而提高二脉冲内弹道性能。

　　轴向＋径向隔层示意图如图 5-6 所示，轴向＋径向隔层与药柱位置关系示意图如图 5-7 所示。

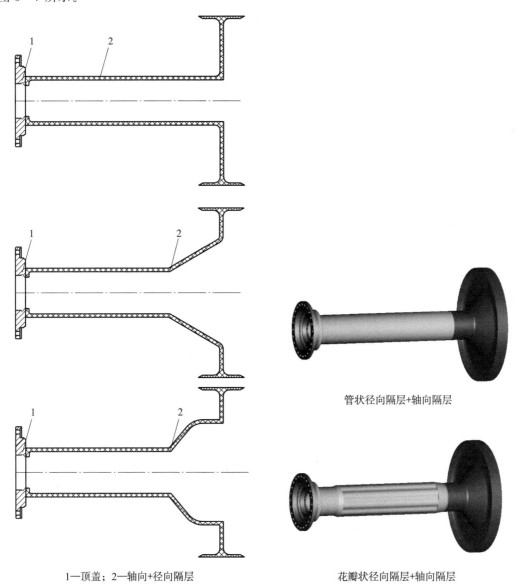

管状径向隔层+轴向隔层

花瓣状径向隔层+轴向隔层

1—顶盖；2—轴向+径向隔层

图 5-6　轴向＋径向隔层示意图

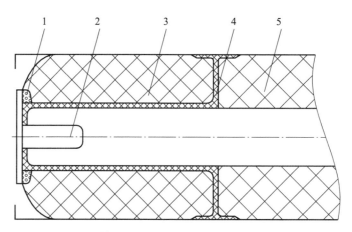

图 5-7　轴向＋径向隔层与药柱位置关系示意图

1—二脉冲点火器；2——脉冲点火器；3—二脉冲装药；4—轴向＋径向隔层；5——脉冲装药

隔层的设计需要开展以下多项仿真分析工作。

（1）隔层传热仿真分析

通过隔层传热仿真分析，获得隔层内侧温度场分布，精细化指导隔层厚度设计，确保隔层内侧温度低于推进剂的点燃温度。

（2）隔层正向承压仿真分析

通过隔层正向承压仿真分析，获得隔层随药柱与绝热壳体变形后的最大应变水平，校核隔层变形协调能力，优化隔层设计结构，确保隔层正向承压下的结构完整性。

（3）隔层反向打开仿真分析

通过隔层反向承压仿真分析，获得隔层受拉的应力、应变水平，校核隔层打开位置及破坏形式，确保隔层打开的一致性与打开可靠性。

5.4　隔层传热仿真分析

隔层传热过程分析是隔层设计的重要环节，通过隔层在前一脉冲工作及脉冲间隔期的传热数值仿真分析，研究前一脉冲工作时间、脉冲间隔时间、隔层厚度、材料导热系数、材料比热容等因素对隔层传热的影响，为隔层材料选择和结构设计提供参考。

（1）隔层传热过程

在实际发动机中，隔层的传热过程主要分为以下四个阶段。

1）第一阶段，从前一脉冲点火器点火到前一脉冲装药稳定燃烧并建立稳定流场，这一过程中隔层表面温度受燃气作用急剧上升，整个流场参数的变化很大。

2）第二阶段，即前一脉冲稳定工作过程，此时流场参数几乎不变，与燃气接触的隔层壁面温度也相对稳定。

3）第三阶段，即前一脉冲工作拖尾段，此时前一脉冲装药燃烧殆尽，燃烧室内燃气压力迅速下降至环境压力，燃气温度也有所降低，与燃气接触的隔层壁面温度也随之降低。

　　4) 第四阶段, 从前一脉冲工作结束到后一脉冲工作开始, 即脉冲间隔期, 隔层继续由高温区向低温区传热。

　　在第一、三阶段中, 虽然与隔层接触的燃气温度变化剧烈, 但由于时间很短, 对隔层传热影响较小。若此时将流场与隔层温度场作为一个瞬态仿真, 要捕捉流场的瞬态变化, 需要计算步长小于 10^{-5} s, 大大增加了计算量。因此在仿真过程中, 将第一、三阶段的流场参数视为稳态, 只考虑隔层的瞬态传热, 这样可以大大提高计算步长, 以减少计算量。

　　(2) 边界条件

　　1) 忽略燃气辐射对隔层传热的影响, 将隔层与燃气接触壁面温度设为燃气温度。

　　2) 前一脉冲工作时, 推进剂燃气滞止温度为 3 400 K。

　　3) 前一脉冲结束时, 高温燃气等熵膨胀至环境压力, 燃气温度为 1 200 K。

　　4) 其他壁面均取绝热壁面。

　　燃气温度-时间曲线如图 5-8 所示。

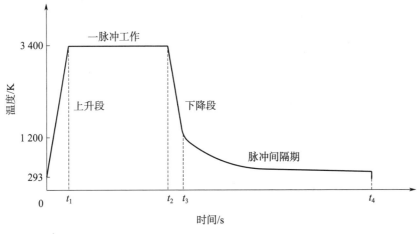

图 5-8　燃气温度-时间曲线

　　(3) 材料特性参数

　　计算中采用的各材料参数见表 5-2。

表 5-2　各材料参数表

参数	密度/(kg/m³)	导热系数/[W/(m·K)]	定压比热/[J/(kg·K)]
推进剂	1 778	0.495	2 010
燃气	理想气体	0.88	1 730
隔层 1	1 032	0.23	1 864
隔层 2	1 145	0.29	1 556

　　其中, 燃气温度为 3 400 K, 装药初温为 293 K, 燃气的分子量为 30。

(4) 传热仿真分析结果

分别改变前一脉冲工作时间、脉冲间隔时间、隔层厚度及隔层导热系数等参数，通过仿真计算，分析不同参数对隔层传热的影响。

①前一脉冲工作时间

前一脉冲工作时间分别为 10 s、20 s、30 s 时，隔层内表面温度如图 5-9 所示。

不同的前一脉冲工作时间，实质是隔层外表面上的壁面热流持续时间不同。根据仿真计算结果，不同前一脉冲工作时间，隔层内表面的温度变化趋势是相同的，工作时间内温升速率基本一致。脉冲间隔期，温升速率明显下降。随着前一脉冲工作时间的增加，隔层内表面温度升高较大，从而前一脉冲工作时间是影响隔层内表面温度升高的关键，是在隔层设计时需要关注的参数。

②脉冲间隔时间

脉冲间隔时间分别为 10 s、50 s、100 s 时，隔层内表面温度如图 5-10 所示。

不同的脉冲间隔时间，实质是隔层外表面上的壁面温度持续时间不同。根据仿真计算结果，不同脉冲间隔时间，隔层内表面的温升速率不同。随着脉冲间隔时间的增加，温升速率降低。脉冲间隔时间增加，隔层内表面温度增加，但温度升高的速率较低。

③隔层厚度

前一脉冲工作 20 s、脉冲间隔 10 s，隔层厚度分别为 6 mm、10 mm、14 mm，隔层内表面温度如图 5-11 所示。

隔层厚度不同，隔层内表面的温度变化整体趋势相同。从温升速率来看，随着隔层厚度增加，温升速率明显下降。要保证隔层内表面的温度，隔层厚度参数设计是关键，在不影响成型、工作性能等的前提下，要尽可能地保证隔层厚度裕度。

④隔层导热系数

隔层材料的不同会导致导热系数的改变，分别设定导热系数为 0.29 W·$(m·K)^{-1}$、0.23 W·$(m·K)^{-1}$，前一脉冲工作 20 s、脉冲间隔 50 s，轴向隔层温度分布如图 5-12 所示。

根据仿真计算结果，隔层导热系数降低 21%，隔层内表面最高温度降低 30%。

⑤隔层材料比热容

隔层材料的不同会导致比热容的改变，分别设定比热容为 1 556 J·$(kg·K)^{-1}$、1 864 J·$(kg·K)^{-1}$，前一脉冲工作 20 s、脉冲间隔 50 s，轴向隔层温度分布如图 5-13 所示。

根据仿真计算结果，隔层比热容增加 20%，隔层内表面最高温度降低 29%。

⑥隔层材料综合影响分析

同时考虑隔层材料导热系数、比热容等变化，根据前一脉冲工作时间 20 s，脉冲间隔 50 s，通过仿真计算，隔层温度分布如图 5-14 和图 5-15 所示。

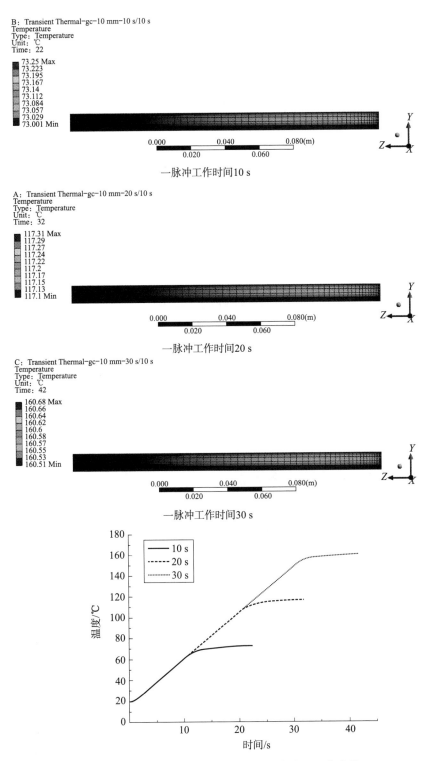

图 5 - 9　不同前一脉冲工作时间时隔层内表面温度曲线

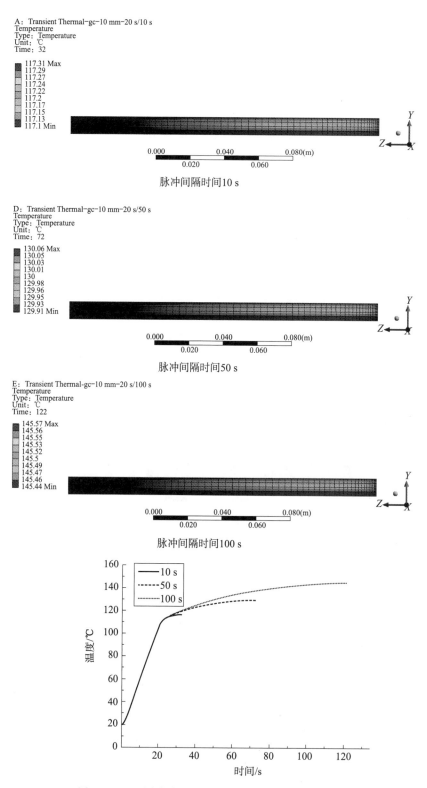

图 5-10　不同脉冲间隔时间时隔层内表面温度曲线

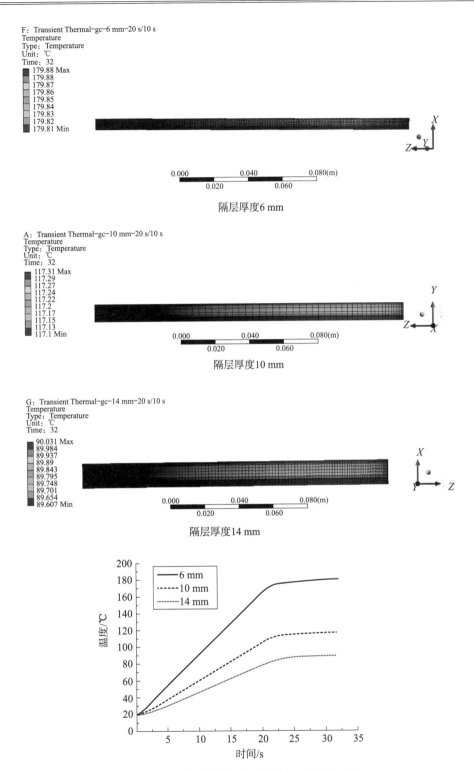

图 5-11　不同隔层厚度时隔层内表面温度曲线

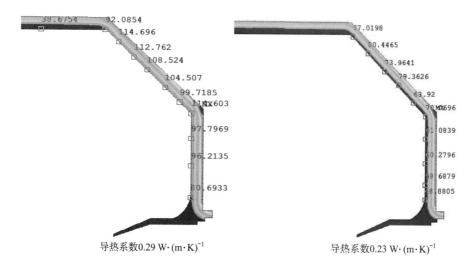

导热系数0.29 W·(m·K)$^{-1}$　　　　　　导热系数0.23 W·(m·K)$^{-1}$

图 5 - 12　不同导热系数时轴向隔层温度分布

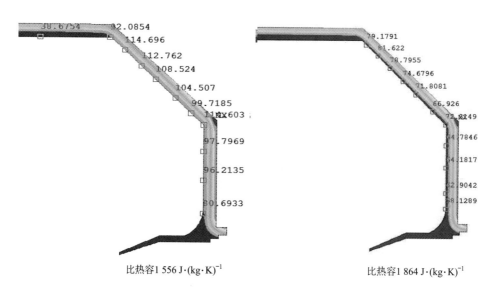

比热容1 556 J·(kg·K)$^{-1}$　　　　　　比热容1 864 J·(kg·K)$^{-1}$

图 5 - 13　不同比热容时轴向隔层温度分布

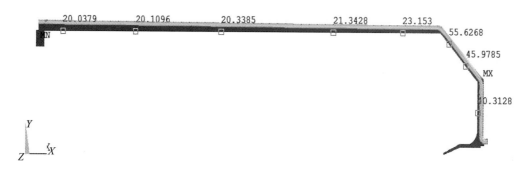

图 5 - 14　隔层 1 温度分布

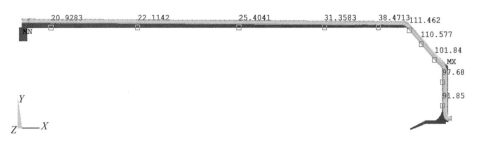

图 5 - 15　隔层 2 温度分布

5.5　隔层工作过程仿真分析

5.5.1　隔层正向承压过程仿真分析

前一脉冲工作时，后一脉冲药柱和隔层承受力、热载荷的联合作用，本节以双脉冲发动机为例，分析二脉冲药柱和隔层在承受压强载荷时的应力应变状态。一脉冲工作时，压强作用在隔层表面，隔层自身发生一定变形后与药柱接触，然后通过药柱和壳体的变形共同承载。推进剂和隔层都是粘弹性材料，其弹性模量与力学性能均与加载速率和温度密切相关。隔层正向承压的极限工况为低温工作工况，一方面是药柱在硫化降温和温度载荷作用下会出现收缩变形，隔层与药柱之间径向间隙会增大。另一方面是隔层材料在低温工况下性能下降，材料趋于脆性。

本节隔层正向承压过程仿真为多步骤温度压强联合仿真：第一步为燃烧室从药柱固化零应力温度到常温的硫化降温；第二步为燃烧室从常温到低温 $-40\ ℃$ 的降温过程；第三步为低温 $-40\ ℃$ 工况下的点火建压过程。二脉冲有限元模型如图 5 - 16 所示。

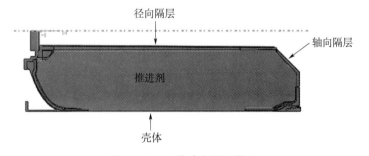

图 5 - 16　二脉冲有限元模型

5.5.1.1　隔层与药柱降温过程仿真分析

图 5 - 17 和图 5 - 18 分别给出了隔层和药柱在 20 ℃和 $-40\ ℃$ 的环向应变和径向位移云图，第一步和第二部降温过程表明，在固化降温载荷作用下，Ⅱ脉冲燃烧室药柱内孔向外收缩，径向隔层向内收缩，药柱和径向隔层之间间隙随着温度载荷的降低逐渐增大，前后人脱缝间隙随着温度的降低逐渐增大。图 5 - 19 给出了 $-40\ ℃$ 药柱内孔与隔层径向间隙

随轴向位置变化曲线，间隙最大值出现在径向隔层中部，且因降温出现收缩而产生的间隙较大，该间隙将直接影响隔层的工作性能，应重点关注。

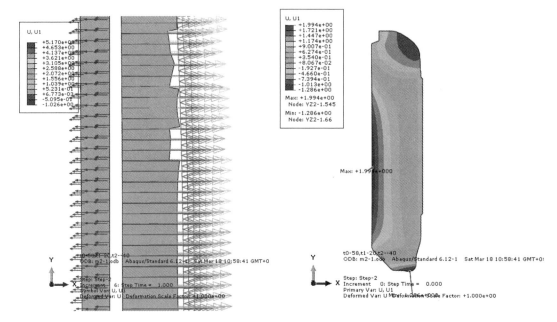

图 5-17 20 ℃隔层和药柱的环向应变和径向位移云图

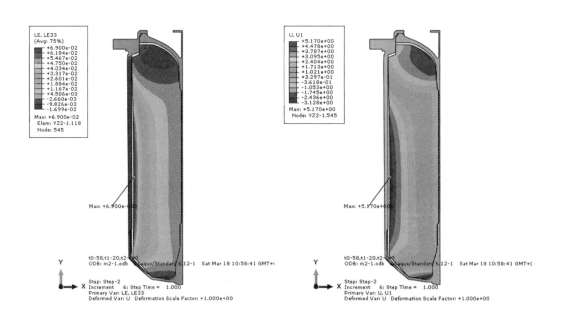

图 5-18 -40 ℃隔层和药柱的环向应变和径向位移云图

5.5.1.2 隔层与药柱承压过程仿真分析

基于前两个步骤降温仿真分析得到低温-40 ℃下的隔层间隙以及燃烧室的应力应变

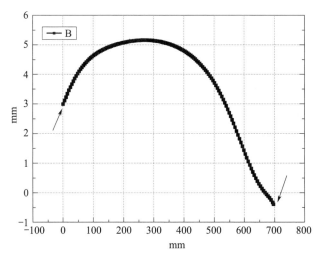

图 5 - 19　 -40 ℃药柱内孔与隔层径向间隙随轴向位置变化曲线

场，采用多步骤方法，将固化降温的应力场、应变场作为初始条件，在此基础上施加工作内压载荷进行仿真分析，获得燃烧室内部各个部组件结构的应力、应变情况。图 5 - 20 给出了燃烧室环向应变 E33 的变化情况，图 5 - 21 和图 5 - 22 分别给出了径向隔层的环向应变与轴向应变。将仿真分析得到的环向应变最大值、轴向应变最大值分别作为隔层环向和轴向取样，进行低温快速拉伸试验获得隔层环向和轴向的许用应变，以此作为隔层失效判据。

5.5.1.3　隔层环向应变贡献分析

随着压强的增大，隔层的变形经历以下几个阶段：开始是径向位移抵消隔层与药柱的径向间隙，其次是隔层和药柱共同变形抵消人脱缝间隙带来的变形，最后是药柱与壳体承压发生变形。隔层的环向应变主要有三个部分的贡献：径向间隙、人脱缝隙和药柱/壳体变形。

图 5 - 23 所示为常温某压强下 3 个关键部位环向应变随压强的变化曲线，曲线有两个明显拐点，分别对应隔层变形抵消径向间隙、隔层和药柱共同变形抵消人脱缝隙。

图 5 - 24 给出了某双脉冲发动机在 20 ℃下，其人脱缝隙对隔层最大环向应变的影响，人脱缝隙存在时，最大环向应变为 19.5%。压强为 0.22 MPa 时，隔层最大环向应变为 6.3%，表明径向间隙导致的应变占隔层变形总应变的 32.3%；压强为 0.64 MPa 时，隔层最大环向应变为 10.9%，表明人脱缝隙导致的应变占隔层变形总应变的 23.6%。隔层与药柱的径向间隙是影响隔层环向应变的主要因素（设计时需重点考虑间隙）。

5.5.2　隔层反向打开过程仿真分析

隔层反向打开的仿真分析实质是隔层动态变形和破坏过程的仿真分析，这涉及隔层材料破坏机理的假设。由于粘弹性材料在高速载荷作用下（瞬时加载或者冲击）往往发生脆性断裂，因此破坏机理选择脆性断裂损伤失效模型。隔层反向打开仿真分为两个部分：隔

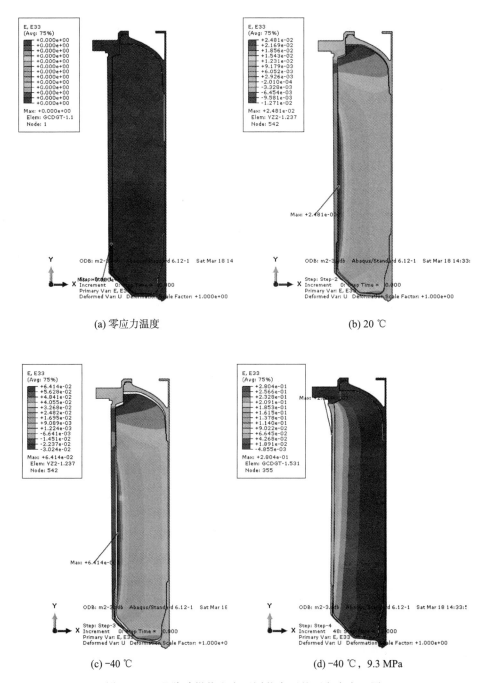

图 5 - 20　Ⅱ脉冲燃烧室在不同状态下的环向应变云图

层破坏过程仿真和隔层锥端反向翻转过程仿真。在隔层工作时，隔层结构首先在设计的薄弱区域发生断裂，断裂后的隔层锥段随燃气反向翻转打开。因此，合理的设计不仅要求脉冲工作时隔层在预定的压强、预设的薄弱区域可靠打开，同时要求隔层锥段部分能够顺利翻转，从而确保脉冲药柱的可靠点火和燃烧流场的稳定。

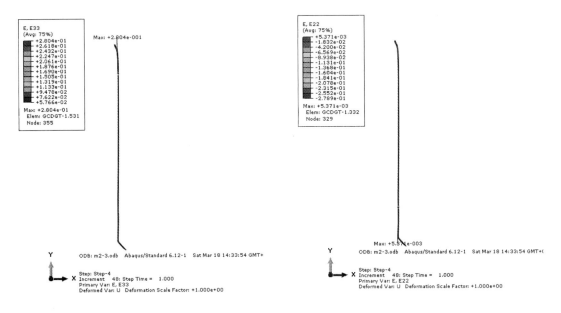

图 5 - 21   隔层环向应变   图 5 - 22   隔层轴向应变

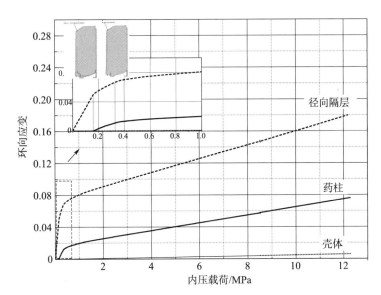

图 5 - 23   3 个关键部位环向应变的变化情况

5.5.2.1   隔层破坏过程数值模拟

显示动力学分析被广泛用于模拟复杂的非线性动力学问题，尤其适用于模拟瞬时的爆炸、冲击问题的结构动态行为。通过 Abaqus explicit 模块对隔层模型进行显示动力学模拟，图 5 - 25 所示为冲击载荷作用 3.01 ms 时，隔层 Mises 应力云图和截面云图。从计算结果可看出，在冲击载荷作用下，短时间内隔层颈部大面积出现断裂。

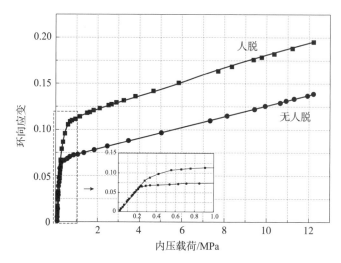

图 5 - 24　隔层最大环向应变随压强的变化

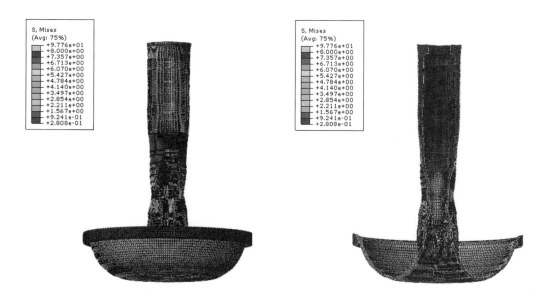

图 5 - 25　隔层 3.01 ms 时 Mises 应力云图和截面云图

图 5 - 26 为整个隔层破坏过程中的 Mises 应力云图。可以看出，开始时隔层最大 Mises 应力发生在轴向隔层大端平面与锥段衔接的位置。随着时间延长，其最大应力逐渐沿锥面向筒段移动，隔层最大 Mises 应力位于隔层锥段与圆筒段衔接的颈部位置。隔层最大 Mises 应力向锥段小端部分位置移动，并且隔层在压强的作用下出现轴对称的凹陷变形。

此时，隔层的锥端和圆筒段出现明显的外压屈曲失稳变形，随着时间的推移，外压屈曲失稳变形进一步加剧，隔层最大 Mises 应力值超过隔层性能，隔层颈部发生大面积断裂，隔层结构失效。

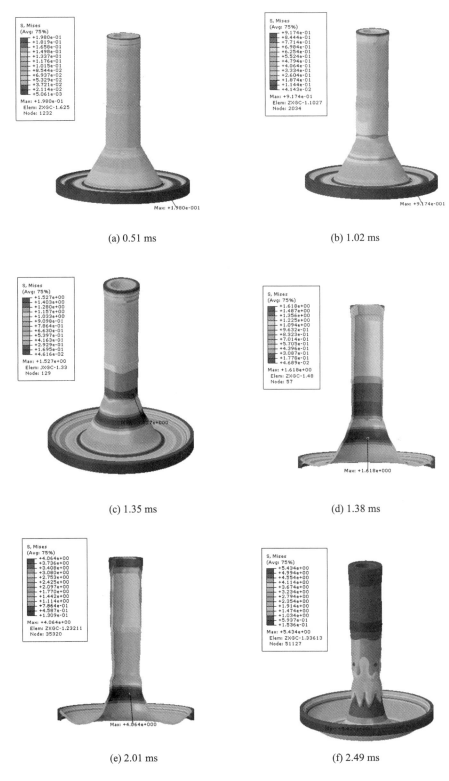

(a) 0.51 ms

(b) 1.02 ms

(c) 1.35 ms

(d) 1.38 ms

(e) 2.01 ms

(f) 2.49 ms

图 5 - 26　隔层破坏过程中的 Mises 应力云图

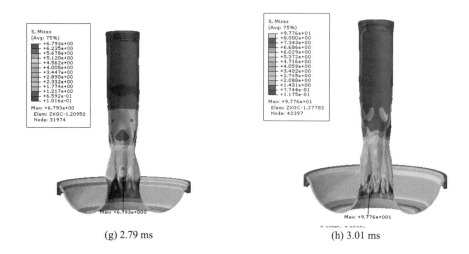

(g) 2.79 ms　　　　　　　　　　　(h) 3.01 ms

图 5 - 26　隔层破坏过程的 Mises 应力云图（续）

整个变形过程中，隔层首先出现外压作用下的内凹变形，随后出现外压失稳变形，之后在隔层颈部附近发生断裂。由于整个过程的隔层变形较大，因此其最大 Mises 应力位置和 Mises 应力云图均发生明显的变化过程，且在断裂的过程中，因材料的软化、应变能释放等现象的存在，隔层的应力变化最为剧烈。隔层破坏时薄弱区域附近的 Mises 应力云图如图 5 - 27 所示。

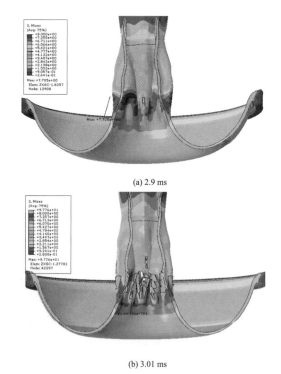

(a) 2.9 ms

(b) 3.01 ms

图 5 - 27　隔层破坏时薄弱区域附近的 Mises 应力云图

5.5.2.2　隔层锥端的反向翻转过程模拟

通过 Abaqus explicit 模块对隔层下锥段部分进行动力学模拟，分析隔层在颈部断裂以后锥段的后续变形情况。假定燃气流动在隔层翻转过程近似达到稳定状态，根据隔层燃气快速冲压试验表明，因高温燃气从断裂位置迅速泄漏，该位置附近的压强在 0.5 ms 内降低 60% 以上，因而在隔层锥段模型表面施加 0.15 MPa 的均布压强载荷。

图 5 - 28 所示为隔离装置在反向打开过程中的 Mises 应力云图变化情况。隔层在大端平面位置最大 Mises 应力为 2.09 MPa，隔层断口位置严重屈曲，由于该时刻的应力、应变状态与图 5 - 27 所示断裂后的隔层下部分模型基本相同，因此可作为隔离装置反向翻转过程初始时刻。1.55 ms 时，隔层下部分最大 Mises 应力为 2.928 MPa，锥端褶皱逐渐减弱，端口即将发生翻转。2.3 ms 时，隔层完全翻转，与翻转之前褶皱状态的应力和变形分布接近，完全翻转过去的隔层锥段端口位置的应力环向周期性变化。2.8 ms 时，隔层锥段端口大部分单元失效，且在 2 个对称位置的隔层端口撕裂最严重。

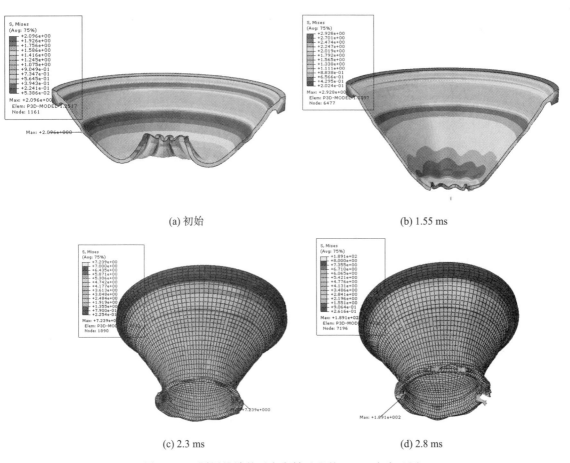

(a) 初始　　　　　　　　　　　　　　　(b) 1.55 ms

(c) 2.3 ms　　　　　　　　　　　　　　(d) 2.8 ms

图 5 - 28　隔层锥端的反向翻转过程的 Mises 应力云图

5.5.2.3　隔层结构打开后流场仿真分析

根据导弹飞行弹道设计，结合推进剂配方特性，采用 Euler-Lagrangian 方法对隔层打开后过载条件下的两相流进行数值仿真，以某双脉冲发动机为例，选取二脉冲工作 4 s、7 s 共 2 个时刻典型过载工况进行仿真。

为了简化计算，做如下假设：

1）不考虑燃气流中的化学反应；

2）不考虑凝相的燃烧、蒸发、破碎过程；

3）假设过程为定常流动。

计算输入参数见表 5-3。

表 5-3　计算输入参数

时间	燃气流率	横向过载	轴向过载	压强
4 s	33 kg/s	3 g	7 g	6.5 MPa
7 s	38 kg/s	36 g	7 g	7.5 MPa

计算结果如图 5-29 和图 5-30 所示。隔层结构对过载条件下流场影响较大，直接影响粒子冲刷第一作用点位置和局部加强绝热结构的设计。当二脉冲工作 4 s 时，横向过载较小，轴向隔层剩余高度 60%，粒子冲刷第一作用点位于一脉冲燃烧室长度的 1/6～1/5。当二脉冲工作 7 s 时，横向过载较大，轴向隔层剩余高度 10%，粒子受过载影响，轨迹发生偏转，冲刷第一作用点位于一脉冲燃烧室长度的 1/6～1/2，冲刷强度明显增大。

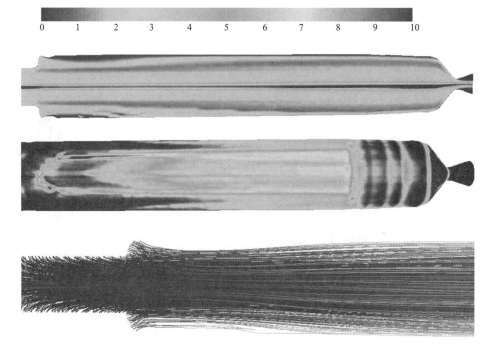

图 5-29　4 s 时刻粒子轨迹及浓度分布云图（见彩插）

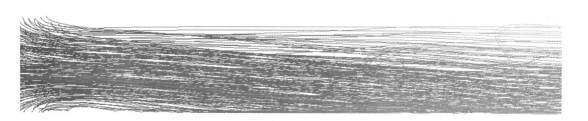

图 5-30　7 s 时刻粒子轨迹及浓度分布云图（见彩插）

5.6　隔层试验技术

隔层试验主要包括正向加载试验和反向打开试验。

隔层正向加载试验主要是考核隔层在正向加载（最大工作压强的 1.3 倍）情况下的变形协调性、结构完整性和密封性能。隔层反向打开试验主要是获得隔层的打开压强、隔层的打开位置与破坏形式，并通过一定数量的试验获得隔层打开压强的波动范围。

隔层试验根据试验介质可以分为冷流试验和热流试验。

冷流试验可以通过快速充压冷流试验系统进行试验。热流试验则是利用药柱燃烧产生的高温燃气进行试验。

快速充压冷流试验系统主要由高压气瓶组、高压充气系统、试验发动机和 X 射线实时成像系统组成，示意图如图 5-31 所示。其中，高压充气系统由汇流排、过滤器、胶管、充气电磁阀、放气电磁阀、系统排气电磁阀、控制系统等组成，试验发动机放置在试验架上，通过前裙与试验台固定架进行连接固定。试验过程中，发动机水平放置，X 射线探伤器对准需实时成像的发动机部位。

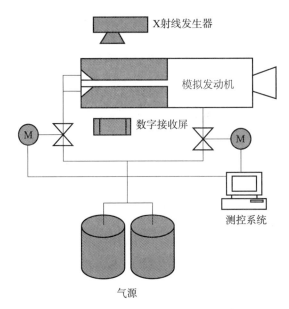

图 5-31　快速充压冷流试验系统示意图

5.6.1　隔层快速充压冷流试验

试验装置主要由试验容器、假药柱和隔层组成，试验容器上设计有进气口、排气口和测压口。

（1）隔层正向加载冷流试验

连接气源与试验装置一脉冲进气口，快速冲入氮气，升压速率≥35 MPa/s，模拟一脉冲点火升压过程，考核隔层在快速建压条件下的变形协调性和结构完整性。监测试验装置内压强变化情况，当压强达到最大设计压强 P_{1max} 的 1.3 倍时，即 $P_1 = 1.3 P_{1max}$ 时，停止充气，稳压时间大于一脉冲工作时间。当压强 P_1 保持稳定，则表明隔层结构完整，满足正向加载和密封要求。隔层正向加载冷流试验示意图如图 5-32 所示。

（2）隔层反向打开冷流试验

连接气源与试验装置二脉冲进气口，快速冲入氮气，充压速率≥35 MPa/s，模拟二脉冲点火升压过程，监测试验装置内压强变化情况。当隔层破坏打开时，停止充气，通过压强传感器记录压强变化过程，获得隔层打开压强，观察隔层破坏位置、打开状态及破坏形式，并通过一定数量的试验获得隔层打开压强的波动范围。

隔层反向打开冷流试验示意图如图 5-33 所示。

5.6.2　隔层传热及裕度考核热流试验

本试验的试验目的为：1）通过热流试验，采集二脉冲假药柱表面不同部位的温度变化值，获得隔层的导热特性，用于验证隔层和药柱的传热数值分析结果。2）通过偏离温度下限－5 ℃条件下的热流试验，考核隔层在极限低温条件下的安全裕度。

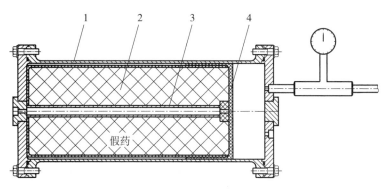

1—试验容器；2—端燃假药柱；3—中心管；4—轴向隔层

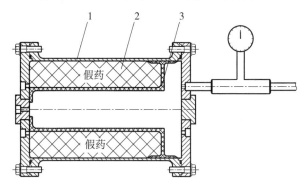

1—试验容器；2—假药柱；3—轴向+径向隔层

图 5 - 32　隔层正向加载冷流试验示意图

　　试验发动机主要由一脉冲真药燃烧室、二脉冲假药燃烧室、喷管和一脉冲点火器组成。一脉冲采用常规燃烧室，二脉冲采用假药燃烧室，两者通过法兰连接。

　　轴向＋径向隔层试验发动机示意图如图 5 - 34 所示。

　　试验过程：利用一脉冲点火器点燃一脉冲燃烧室装药产生的热燃气，代替冷流试验用的氮气，监测二脉冲压强变化情况，通过压强传感器记录压强变化过程，考核热流作用下隔层承载能力及密封性能。同时，采集二脉冲假药柱表面不同部位的温度变化值，获得隔层的导热特性。

5.6.3　实例及结果分析

实例一：隔层快速充压冷流试验

　　隔层快速充压冷流试验前需要进行系统和设备调试，通过多次快速充压模拟试验，检验系统和设备运行情况，并根据模拟试验情况进行参数调整，使建压速率与全尺寸发动机接近。

　　对轴向隔层、轴向＋径向隔层分别进行了快速充压冷流试验，分为隔层正向加载冷流试验和隔层反向打开冷流试验，试验结果见表 5 - 4。

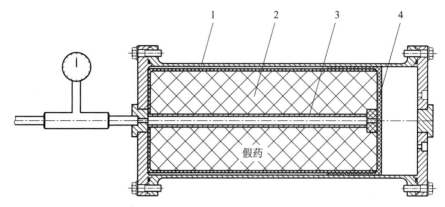

1—试验容器；2—端燃假药柱；3—中心管；4—轴向隔层

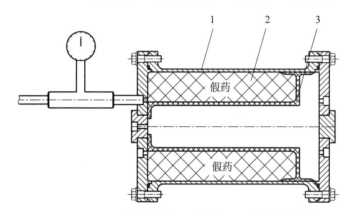

1—试验容器；2—假药柱；3—轴向+径向隔层

图 5-33　隔层反向打开冷流试验示意图

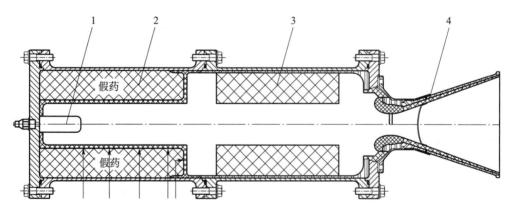

图 5-34　轴向+径向隔层试验发动机示意图

1——脉冲点火器；2——二脉冲假药燃烧室；3——脉冲燃烧室；4——喷管

表 5 - 4　隔层快速充压冷流试验结果

项目	建压速率/(MPa/s)	正向加载/MPa	反向打开压强/MPa	反向打开位置/mm
轴向隔层	53.47	7	0.52～0.66	米字应力槽
轴向＋径向隔层	47.0	11	0.58～0.72	隔层拐角处

实例二：隔层传热及裕度考核热流试验

对轴向＋径向隔层试验发动机分别进行了常温热流试验和低温热流试验。

通过隔层热流试验，获得了二脉冲假药柱表面不同部位的温度变化值，试验发动机实际测温与仿真计算结果对比情况见表 5 - 5。实际测温与仿真计算结果最大偏差为 13.6%，认为仿真模型基本可靠，为后续隔层设计优化提供了参考。

表 5 - 5　试验发动机实际测温与仿真计算结果对比

测点位置	试验发动机测试温度/℃	仿真计算温度/℃	偏差/(%)
1	40.8	42.9	5.1
2	37.4	42.5	13.6
3	41.9	40.9	−2.4
4	38.4	34.0	−11.5

隔层常温、低温热流试验压强曲线如图 5 - 35 所示。一脉冲工作过程中，隔层变形协调、结构完整可靠。间隔 54 s 后，二脉冲点火器工作，点火燃气将隔层打开。试验结果表明，隔层可满足极限低温条件，安全裕度满足设计指标要求，隔层破坏位置、打开状态及破坏形式一致性较好。隔层热流试验结果见表 5 - 6。

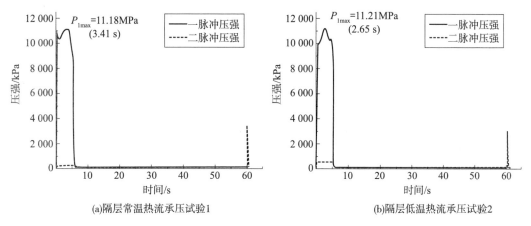

(a)隔层常温热流承压试验1　　　　　　　　　(b)隔层低温热流承压试验2

图 5 - 35　隔层热流试验压强-时间曲线

表 5 - 6　隔层热流试验结果

设计参数	试验状态	正向承受最大压强/MPa	反向打开位置
试验1	常温	11.18	隔层拐角处
试验2	低温	11.21	隔层拐角处

参 考 文 献

［1］ 宋学宇，苑博，马亮.双脉冲固体发动机隔层反向打开的数值模拟［C］.固体火箭推进第 30 届学术年会暨航天三网第 34 届技术交流会.

［2］ 宋学宇，马亮，苑博.双脉冲发动机隔层正向承压与反向打开数值模拟研究［C］.固体推进技术及火工品专业组 2013 年会论文集.

［3］ 徐瑞强，刘玉磊.脉冲发动机级间隔层传热仿真分析［J］.航空兵器，2013，4：45 - 47.

［4］ 王春光，田维平，杨德敏，等.脉冲发动机中隔层传热炭化模型［J］.推进技术，2012，33（2）：259 - 262.

［5］ 刘洪超，富婷婷，等.双脉冲发动机快速建压过程中轴向隔层变形［J］.固体火箭技术，2012，35（5）：608 - 612.

［6］ 毕世龙，陈延辉.多脉冲发动机研究［J］.推进技术，2011，9（1）：89 - 92.

［7］ 王春光，田维平，任全彬，等.脉冲发动机中隔层工作过程的数值分析及试验［J］.推进技术，2012，33（5）：791 - 794.

［8］ 王硕，王一白，陈铮，等.双脉冲固体火箭发动机软隔板破裂试验研究［J］.上海航天，2017，34（1）：116 - 120.

［9］ 付鹏，宋学宇，孙利清，等.脉冲发动机软隔离装置反向打开过程研究［J］.固体火箭技术，2017，40（2）：146 - 150.

第 6 章　多脉冲发动机燃烧室技术

燃烧室是发动机的重要组成部分，它既是推进剂药柱贮存器，又是推进剂药柱燃烧的场所，由壳体、绝热层、衬层和药柱组成。绝热层对壳体内壁进行热防护，衬层使药柱与绝热层粘接牢固，并缓和药柱与绝热层之间的应力传递。

对于多脉冲发动机燃烧室，由于其结构的特殊性、复杂性及多样性，与传统燃烧室相比，多脉冲燃烧室的设计主要有以下特点：

1）多脉冲壳体通常采用分段式结构，以便于隔离装置（隔舱或隔层）的安装操作、气密检测、后期维修或零件更换。若多脉冲壳体采用整体式结构，通常需要考虑分级装药工艺，对于复合材料壳体也可以考虑带药缠绕工艺。

2）多脉冲燃烧室热防护设计方面，由于前级脉冲燃烧室是后级脉冲工作的燃气通道，需要经受多次间歇式高温高压燃气的冲刷，再加上飞行过载的作用与影响，一般需要对前级脉冲燃烧室的热防护进行特殊补强设计，以满足多脉冲及过载工况的使用要求。

3）多脉冲燃烧室药型设计方面，对于隔舱式结构，由于每级脉冲燃烧室均为一个独立的舱段，因此装药药型设计不受限制，设计也就更加自由灵活。但对于隔层式结构，装药药型的设计就必须考虑隔层的结构（轴向隔层、径向隔层或轴向＋径向隔层），使得药型型面与隔层型面相匹配，这一点与隔舱式多脉冲燃烧室不同。

本章仅介绍多脉冲发动机相关的燃烧室技术内容。

6.1　多脉冲壳体技术

多脉冲发动机壳体分为金属材料壳体和复合材料壳体。壳体的直径、长度和前、后开口直径以及所承受的载荷等是由总体给定的。壳体设计根据给定的结构和载荷参数进行，包括壳体材料选择，圆筒壁厚、封头形状及壁厚的确定，与隔离装置、喷管、点火器连接结构设计，密封结构和裙部结构设计等。

对于金属材料壳体来说，一般采用高强度金属材料，以便于壳体的分段加工，常用的金属材料有高强度钢 25CrMnSiA、30CrMnSiA，超高强度钢 D406A、D406B、28Cr3SiNiMoWVA、37SiMnCrNiMoVA、45NiCr1VA、18Ni 马氏体失效钢（C250），超高强度铝合金 7A09、LC4、LY12，高强度钛合金 TC11 等。对于复合材料壳体而言，前接头、后接头为高强铝合金或钛合金，前裙、后裙为铝合金，前封头、后封头和筒段由不同纤维与树脂组合的复合材料缠绕而成。随着分段复合材料壳体设计与成型工艺技术攻关不断取得进步，目前复合材料壳体在多脉冲发动机上的应用得到实现，常用的复合材料有玻璃纤维、有机纤维（凯芙拉－49、F－12）、碳纤维（T－700、T－800）、PBO 纤维等。

以双脉冲为例，多脉冲壳体结构由一脉冲壳体和二脉冲壳体组成，两级脉冲壳体可通过螺纹、卡环、径向销钉等方式进行连接。由于分段连接结构的受力状态很复杂，致使连接部位壳体中存在较高的弯曲应力，而这些弯曲应力的大小与连接结构形状及尺寸有很大的关系。因此，对于多脉冲壳体来说，分段对接结构的设计非常重要，必须定量地给出连接结构的形状和尺寸，以使连接结构质量既小、受力状态又合理。

6.1.1 金属壳体分段对接技术

双脉冲发动机金属壳体材料多选用高强度或超高强度钢，前、后壳体采用分段式结构，前段为二脉冲壳体，后段为一脉冲壳体。隔舱式双脉冲发动机和隔层式双脉冲发动机壳体壁厚设计原则各不相同。隔舱式双脉冲发动机壳体壁厚设计原则为：若一脉冲最大压强大于二脉冲最大压强，即 $P_{1max} > P_{2max}$，则两级脉冲壳体厚度可根据各自最大压强独立进行设计；若一脉冲最大压强小于或等于二脉冲最大压强，即 $P_{1max} \leqslant P_{2max}$，则两级脉冲壳体厚度应均按照二脉冲最大压强进行设计。隔层式双脉冲发动机壳体壁厚设计原则为：两级脉冲壳体厚度均根据一脉冲/二脉冲最大压强进行设计，即 $\max(P_{1max}, P_{2max})$。通常情况下，壳体设计安全系数≥1.30。

固体火箭发动机的连接方式有很多，常用的连接方式有法兰连接、螺纹连接、分段卡环连接、楔环连接、C型卡环连接、螺纹挡圈连接和径向销钉连接等。考虑到双脉冲发动机两级脉冲壳体大开口的特点，可通过螺纹、分段卡环和楔环或径向销钉等方式连接。

6.1.1.1 螺纹连接结构

螺纹连接结构的优点是结构紧凑、连接可靠、连接刚度好、密封可靠、小尺寸螺纹制作容易、装配方便、结构尺寸和质量较小，适用于各种中小型发动机，较常用于无环向定位要求的点火装置与燃烧室的连接、喷管与燃烧室的连接。

螺纹连接结构的缺点是大尺寸螺纹加工精度难以保证、装配困难和环向定位精度低。若螺纹连接结构刚度低、阴螺纹和阳螺纹刚度不匹配或加工误差较大，螺纹连接结构在装配后或承压后易咬死，造成无法拆卸，导致燃烧室报废。螺纹结构设计时，需合理选取螺纹类型和螺距，平衡结构承载和装配之间的关系。

结合螺纹连接结构的特点，螺纹连接结构只适用于小直径且前后壳体环向定位要求不高的双脉冲发动机分段对接。

6.1.1.2 分段卡环和楔环连接结构

（1）分段卡环连接结构

分段卡环连接结构（见图6-1）的优点是结构简单、重量小、连接可靠、前后壳体及卡环块加工工艺简单、卡环块装配简便，能实现可靠定位，适用于中、小尺寸发动机，较常用于双脉冲发动机前后壳体之间连接、后壳体与喷管连接。

分段卡环结构的缺点是卡环块与卡环槽间存在轴向间隙，连接刚度差。在内压载荷下卡环块与卡环槽挤压产生偏心距，使密封面出现张角，密封可靠性降低。由于采用径向密封，前后壳体装配时需克服密封圈压缩产生的摩擦力，需借助装配工装。另外，由于卡环槽的存在，需对筒段进行局部加厚。在卡环槽设计时，槽底不要清根，保留一定的倒圆角，避免在该处出现较大的应力集中，减小塑性区。

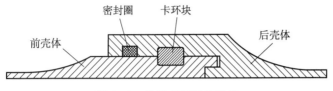

图 6-1　分段卡环连接结构

（2）楔环连接结构

楔环连接结构（见图 6-2）的优点是结构简单、重量小、连接可靠、前后壳体加工工艺简单，两个楔环到位后与楔环槽之间无轴向间隙，连接刚度好，能实现可靠定位，适用于中、小尺寸发动机，较常用于对模态要求较高的双脉冲发动机前后壳体之间连接、后壳体与喷管连接。

楔环结构的缺点是楔环的加工工艺复杂。由于楔环与楔环槽轴向采用过盈配合，楔环装配和拆卸较困难，需借助专用工具。在内压载荷下楔环与楔环槽挤压产生偏心距，使密封面出现张角，影响密封可靠性。由于采用径向密封，前后壳体装配时需克服密封圈压缩产生的摩擦力，需借助装配工装。与卡环槽类似，楔环槽底不要清根，避免出现应力集中。

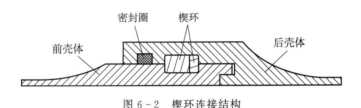

图 6-2　楔环连接结构

6.1.1.3　径向销钉连接结构

径向销钉连接结构（见图 6-3）的优点是结构简单、连接可靠、连接刚度较好、密封可靠，能实现可靠定位，适用于不同直径的发动机，较常用于大直径双脉冲发动机前后壳体之间连接、后壳体与喷管连接。

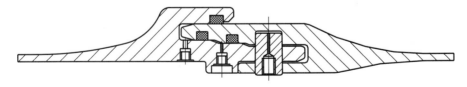

图 6-3　径向销钉连接结构

销钉结构的缺点是加工精度要求很高，装配困难，且不易拆卸。另外，销钉孔会对燃烧室壳体强度造成削弱。在销钉连接结构设计时，销钉与销钉孔之间宜采用过盈配合，以保证连接刚度，同时应注意各部组件间的刚度匹配，避免在内压下变形过大导致密封可靠性下降。

6.1.2 分段复合材料壳体技术

金属壳体分段对接技术解决了中小直径多脉冲发动机的工程研制问题，为了进一步提升大直径多脉冲发动机的综合性能，大直径多脉冲发动机多采用复合材料壳体，因此需开展复合材料分段对接技术研究。

复合材料壳体的分段对接技术相当复杂，主要解决分段处复合材料壳体与金属件的可靠连接与密封问题。连接设计包括机械连接设计原则、机械连接形式的选择、复合材料连接段的设计、金属连接件设计参数的确定、许用应力与安全系数的确定等。

6.1.2.1 机械连接设计原则

机械连接设计的一般原则是，在任何载荷作用下，对于各种形式的破坏，都不应使复合材料连接处发生拉伸或剪切破坏，而应使复合材料连接处产生挤压破坏，且使得金属机械连接接头强度要高于复合材料连接壳体的强度，或者至少为同量级。为此，要求机械连接设计时满足以下要求：

1) 在适当选择边距和端距的条件下，主要应满足挤压强度和拉脱强度的要求。

2) 尽量不采用过盈配合，即使在过盈配合时也应使过盈量很小。

3) 金属连接接头的质量要小。

6.1.2.2 机械连接形式的选择

机械连接的形式除了"U"型件连接形式和工字梁连接形式外，还有单搭接连接、楔形连接等。"U"型件连接形式可以避免对接处产生附加弯矩和避免复合材料分层扩展，是目前使用较多的一种连接形式。选择机械连接形式需依据载荷的大小与方向、结构的安排与要求等因素来考虑。

对于复合材料分段壳体的机械连接结构，安装紧固件时应该注意施加的预紧力过大会引起碳/环氧层合板的损坏。为了避免这种情况，用扳手拧紧螺栓时，要规定扳手的力矩大小。

6.1.2.3 复合材料连接段的设计

在一般情况下，复合材料壳体连接段往往要承受几个方向的载荷，铺层设计时应考虑这种情况。在实际结构设计中，多采用 $0°$、$±45°$、$90°$铺层。试验证明，上述三种铺层方法的层组各占不同比例，将在某一加载方向下，产生不同的应力分布和具有不同的强度。

一般来说，在复合材料壳体连接段的铺层设计中，由 $0°$、$±45°$、$90°$铺层组成的层合板，至少有 40% 的 $±45°$ 层和 10% 的 $90°$ 层。如果将 $±45°$ 层置于层合板的外表面，可改善层合板的压缩和冲击性能。

6.1.2.4 金属连接件设计参数的确定

金属连接件设计参数主要包括紧固件端距、边距、行距和列距。端距是指接头端部紧固件孔中心线至连接板端线的距离，边距是指接头边缘紧固件孔中心线至连接板侧边缘的距离，间距是指接头紧固件孔中心线之间的距离，通常分为行距和列距，详见图 6-4。

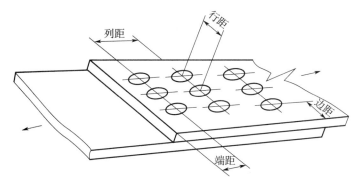

图 6-4　接头紧固件的端距、边距、行距和列距

当端距和边距过小时，连接板往往被剪坏或拉断，其挤压强度为充分发挥。对于 0°、±45°、90° 层组成的碳/环氧复合材料，可按表 6-1 取值。

表 6-1　碳/环氧复合材料壳体的端距、边距、行距和列距

板厚	端距	边距	行距	列距
$d/t \geqslant 1$	$3d \sim 4d$	$2.5d$	$\geqslant 5d$	$\geqslant 4d$

注：d—紧固件直径；t—板厚。

6.1.2.5　许用应力与安全系数的确定

在复合材料连接设计中，主要以挤压破坏应力作为极限应力。碳纤维复合材料在 $d/t=1$ 时的挤压设计应力值可按表 6-2 取值。

表 6-2　$d/t=1$ 时碳纤维复合材料的挤压设计应力值

材料	挤压设计应力值/MPa
碳/环氧：0°/90°	378.9
碳/环氧：0°/90°/±45°	310.0

安全系数是为了确保结构安全工作所取用的系数 n，它与设计应力 σ_d 之比称为许应力 $[\sigma]$

$$[\sigma] = \frac{\sigma_d}{n}$$

在复合材料机械连接设计中，应使工作压力不大于许用应力。安全系数的选取是一项十分重要而又复杂的工作。总的要求是，在保证安全的条件下，尽可能降低安全系数。一般来说，安全系数的选取应考虑载荷的稳定性、材料性质的分散性、计算公式的近似性、结构的重要性、工艺的可靠性、检验的准确性、环境的恶劣性等。通常，对碳/环氧复合材料，n 可以取到 1.5，但是对于金属连接件，n 可以提高到 2。

6.2　多脉冲燃烧室绝热技术

6.2.1　绝热层材料的选择

绝热层是燃烧室热防护的重要构件，粘贴于壳体内表面，用于防止壳体过热而失强破坏，同时保护壳体不受药柱的腐蚀、缓冲药柱与壳体之间的粘接应力。绝热层材料一般应具有以下特点：

1）有较低的密度、烧蚀率、热扩散系数及较高的分解热。

2）与药柱相比有较高的断裂强度、较低的模量，模量低可以减小药柱与壳体之间的粘接应力，增加燃烧室的结构可靠性。

3）对壳体材料无腐蚀作用，抗老化性能好。

4）工艺性好，施工容易。

5）环保性好。

常用的软质绝热层材料有石棉酚醛树脂类（如 5 - Ⅲ）、丁腈橡胶（如 TI - 502、9621等）、三元乙丙橡胶（EPDM）等，硬质绝热层材料主要有模压碳毛板材料、编织碳毛板材料、模压高硅氧/酚醛材料、模压碳纤维酚醛材料等。常用内绝热材料及性能见表 6 - 3。

表 6 - 3　常用内绝热材料及性能

项　目	材料名称或代号					
	5 - Ⅲ	TI - 502	SRB501	9621	三元乙丙	碳毛板
密度/(g/cm³)	≤1.55	≤1.26	≤1.26	≤1.26	≤1.08	≤1.30
氧乙炔线烧蚀率 /(mm/s)	≤0.18	≤0.2	≤0.3	≤0.18	≤0.10	≤0.04
热导率/[W/(m·K)]	0.197 7	0.311	—	0.323 8	0.26	0.35
拉伸强度/MPa	≥8.0	≥4.0	≥8.0	≥4.0	≥4.0	≥20.7
伸长率/(%)	≥8.0	≥200	≥300	≥200	≥400	≥2.6
静断裂强度/MPa	—	—	≥2.2	—	—	—
条件断裂强度/MPa	—	—	≥2.0	—	—	—
推荐使用部位	金属壳体开口	金属壳体	金属壳体人工脱粘层	纤维缠绕壳体	纤维缠绕壳体或金属壳体	冲刷严重部位

6.2.2　绝热结构设计

多脉冲燃烧室绝热结构设计与发动机工况（脉冲次数、工作压强、工作时间、脉冲间隔时间、飞行过载等）和绝热层材料性能密切相关。绝热结构的设计原则是：在气流速度较大的部位和涡流区绝热层应相应地设计厚一些，在气流速度较小的部位，可以设计得薄一些，接触燃气时间长的比接触燃气时间短的部位，其绝热层厚度要厚一些。同时应该考虑脉冲间隔期绝热层后效炭化和飞行过程加速度等载荷对绝热层烧蚀的影响。下面以双脉冲发动机为例介绍绝热结构设计。

（1）一脉冲绝热层热防护设计

一脉冲绝热层热防护设计不但要考虑一脉冲工作期间的烧蚀，还要考虑脉冲间隔期间绝热层的后效炭化、二脉冲工作期间的燃气冲刷，并对飞行过载引起的粒子冲刷部位、残留隔层引起的涡流冲刷部位进行局部加厚。因此，一脉冲绝热层建议选用软质绝热层＋编织碳毛板复合绝热材料，利用编织碳毛板材料提高绝热层的抗冲刷能力，借助软质绝热层发挥材料的热防护能力，绝热层设计厚度为

$$\sigma_1 = \sigma_{1脉冲烧蚀} + \sigma_{1脉冲过载烧蚀} + \sigma_{2脉冲烧蚀} + \sigma_{2脉冲过载烧蚀} + \sigma_{涡旋烧蚀} + \sigma_{剩余厚度}$$

式中，$\sigma_{1脉冲烧蚀}$：一脉冲工作时（无过载）绝热层的烧蚀。

根据同类燃烧室绝热层烧蚀厚度设计确定厚度，通过解剖发动机地面静止试验后的绝热层，实测其烧蚀厚度，就可以得到各部位绝热层的烧蚀率，并不断改进、完善。

$\sigma_{1脉冲过载烧蚀}$：一脉冲工作期间过载条件下绝热层的烧蚀。

依据发动机实际工作过程的内、外弹道特性，选定发动机典型工作时刻，同时结合燃面推移特性，获得各典型工作时刻的发动机构型，并建立各自的流场分析模型，完成各特征点时刻的流场计算，获得以下过载离心方向绝热层界面附近的凝相粒子聚集参数，根据公式 $r = k \cdot \rho_p^a \cdot V_p^b \cdot \sin^c\alpha$ 预估过载条件下绝热层的烧蚀。

$\sigma_{2脉冲烧蚀}$：二脉冲工作时（无过载）绝热层的烧蚀。

$\sigma_{2脉冲过载烧蚀}$：二脉冲工作期间过载条件下绝热层的烧蚀；

$\sigma_{涡旋烧蚀}$：二脉冲工作期间涡旋条件下绝热层的烧蚀。

由于隔离装置的存在，使得燃烧室流场产生涡旋，加剧了局部绝热层的烧蚀。根据流场计算确定涡旋部位，通过凝相粒子聚集模型预估绝热层烧蚀。

$\sigma_{剩余厚度}$：绝热层剩余厚度。

参考固体火箭发动机通用安全系数，绝热层设计厚度应为烧蚀厚度的 1.5 倍以上。

（2）二脉冲绝热层热防护设计

二脉冲绝热层烧蚀与常规单脉冲发动机相同，绝热层可根据二脉冲装药燃面推移暴露时间、二脉冲飞行过载作用部位进行变厚度设计。二脉冲绝热层建议选用三元乙丙单一材料，绝热层设计厚度为

$$\sigma_2 = \sigma_{2脉冲烧蚀} + \sigma_{2脉冲过载烧蚀} + \sigma_{剩余厚度}$$

式中，$\sigma_{2脉冲烧蚀}$ 为二脉冲工作时（无过载）绝热层的烧蚀；$\sigma_{2脉冲过载烧蚀}$ 为二脉冲工作期间过载条件下绝热层的烧蚀；$\sigma_{剩余厚度}$ 为绝热层剩余厚度。

参考固体火箭发动机通用安全系数，绝热层设计厚度应为烧蚀厚度的 1.5 倍以上。

6.3　多脉冲燃烧室装药技术

6.3.1　推进剂选择

推进剂的选择需要综合考虑推进剂的能量水平、力学性能、燃烧特性（包括燃速、压强指数、燃烧稳定性等）、贮存性能、安全性能、工艺性能和经济成本等要求，常用的复

合推进剂有 HTPB 类（三组元、四组元）中能推进剂、N15 类高能推进剂、H16 新型高能推进剂、HTPE 类低易损推进剂等。

6.3.2　装药设计

（1）隔舱式多脉冲发动机

对于隔舱式多脉冲发动机，由于每级脉冲燃烧室均为一个独立的舱段，因此装药药型不受限制，设计更加灵活，这一点与隔层式多脉冲发动机不同。具体药型可根据发动机的结构和性能要求进行设计，常用的药型有端面燃烧药柱、星型燃烧药柱、车轮型燃烧药柱、内孔燃烧药柱、套装管状燃烧药柱、锥柱型燃烧药柱、翼柱型燃烧药柱、球型燃烧药柱等，这些药柱结构与体积装填系数及 m 数（药柱外径与内径之比）关系见表 6-4。

表 6-4　药柱结构与体积装填系数及 m 数关系

序号	药型	m 数	体积装填系数	备注
1	端面燃烧药柱	—	0.9～1.0	推力小工作时间长
2	车轮型燃烧药柱	～3.0	0.65～0.70	推力大工作时间短
3	星型燃烧药柱	～3.0	0.75～0.85	
4	内孔燃烧药柱	～3.0	0.75～0.85	
5	套装管状燃烧药柱	～3.0	0.85～0.95	
6	锥柱型燃烧药柱	～4.5	0.85～0.95	
7	翼柱型燃烧药柱	～4.5	0.85～0.95	
8	球型燃烧药柱	～4.5	0.90～0.95	

根据发动机具体要求选择燃烧室药柱结构：

1）对于工作时间长、质量比要求高的发动机，可优先选择翼柱、锥柱药柱，此类药型的特点是肉厚 m 数大，体积装填系数高，燃烧面积变化平稳。

2）对于工作时间短、大推力的发动机，优先选择车轮型、星型药柱，此类药型的特点是肉厚 m 数小，体积装填系数低，燃烧面积相对较大。

3）对于单室双推力发动机，根据两级推力比选择药型，可以选择两级大燃面比的单燃速药柱，也可以选择并联浇注或串联浇注的双燃速药柱。

（2）隔层式多脉冲发动机

对于隔层式多脉冲发动机，装药药型的设计需要与隔层型面相匹配，这一点与隔舱式多脉冲发动机不同。以双脉冲发动机为例，一脉冲装药设计一般不受隔层限制，药型设计相对较为灵活，但如果二脉冲装药采用内孔药型，则一脉冲装药也必须采用内孔药型。对于轴向隔层，二脉冲装药只能采用端燃或嵌银丝端燃药型，药柱端面必须与轴向隔层型面相匹配。对于轴向＋径向隔层，二脉冲装药通常采用内孔＋端燃药型，以便与轴向＋径向隔层型面相匹配。

端燃或嵌银丝端燃药型属于常规药型设计，在很多固体发动机专业书籍中均有介绍，这里就不展开讨论。下面仅对内孔＋端燃药型设计进行分析，其示意图如图 6-5 所示。内孔＋端燃药型的燃面主要由内孔、锥孔和后端面组成，主要设计参数包括外径 D、内径 d_1、长度 L、锥孔大径 d_2 和锥角 α，算例见表 6-5。

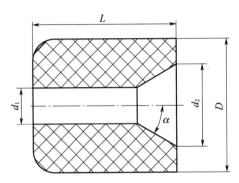

图 6-5　内孔＋端燃药型

表 6-5　内孔＋端燃药型设计参数

设计参数	外径 D/mm	内径 d_1/mm	长度 L/mm	锥孔开口直径 d_2/mm	锥角 α/(°)
算例	400	120	200～600	260	20～80

①药柱长径比对燃面的影响分析

药柱的 5 个设计参数中，改变药柱长度，其他 4 个参数不变（锥角为 30°），通过单一因素变化，分析药柱长径比（即药柱长度 L 与药柱外径 D 的比值）对燃面的影响。通过燃面计算，药柱长径比在 0.75～1.125 范围内，燃面比（$Ab_{最大}$ / $Ab_{平均}$）最小。药柱长径比对燃面的影响如图 6-6 和表 6-6 所示。

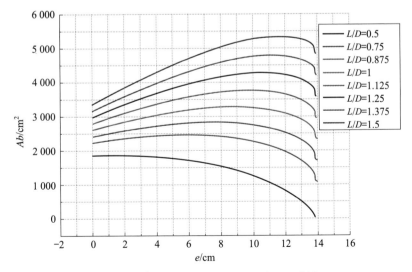

图 6-6　药柱长径比对燃面的影响（见彩插）

表 6 - 6　药柱长径比对燃面的影响

药柱长径比(L/D)	0.5	0.75	0.875	1.0	1.125	1.25	1.375	1.5
平均燃面/cm²	1 444	2 247	2 655	3 063	3 470	3 878	4 286	4 694
最大燃面/cm²	1 857	2 455	2 858	3 301	3 776	4 278	4 803	5 349
燃面比($Ab_{最大}/Ab_{平均}$)	1.286	1.09	1.077	1.078	1.088	1.103	1.121	1.140

②锥角对燃面的影响分析

药柱的 5 个设计参数中，改变锥孔角度，其他 4 个参数不变（药柱长径比为 1.0），通过单一因素变化，分析锥角对燃面的影响。通过燃面计算，锥角为 30°，燃面比（$Ab_{最大}/Ab_{平均}$）最小。锥角对燃面的影响见图 6 - 7 和表 6 - 7。

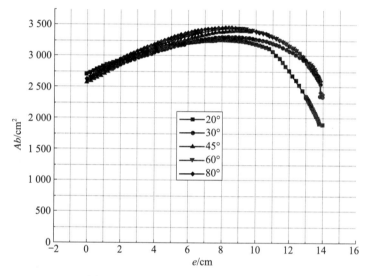

图 6 - 7　锥角对燃面的影响（见彩插）

表 6 - 7　锥角对燃面的影响

锥角/(°)	20	30	45	60	80
平均燃面/cm²	2 979	3 063	3 120	3 150	3 173
最大燃面/cm²	3 256	3 301	3 414	3 452	3 452
燃面比($Ab_{最大}/Ab_{平均}$)	1.093	1.078	1.094	1.096	1.088

③锥孔开口比对燃面的影响分析

药柱的 5 个设计参数中，改变锥孔的锥角，其他 4 个参数不变（药柱长径比为 1.0），通过单一因素变化，分析锥孔的锥角对燃面的影响。通过燃面计算，锥角为 30°，燃面比（$Ab_{最大}/Ab_{平均}$）最小。锥孔开口比对燃面的影响如图 6 - 8 和表 6 - 8 所示。

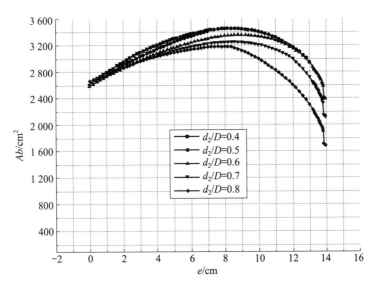

图 6-8　锥孔开口比对燃面的影响（见彩插）

表 6-8　锥孔开口比对燃面的影响

锥孔开口比（d_2/D）	0.4	0.5	0.6	0.7	0.8
平均燃面/cm²	2 979	3 063	3 120	3 150	3 173
最大燃面/cm²	3 256	3 301	3 414	3 452	3 452
燃面比（$Ab_{最大}/Ab_{平均}$）	1.093	1.078	1.094	1.096	1.088

6.4　双脉冲燃烧室（复材壳体）成型工艺技术

6.4.1　带药缠绕复合材料壳体工艺技术

（1）带药缠绕技术的核心环节

复材壳体带药缠绕工艺技术的核心环节是先有药柱后缠壳体。首先预成型药柱（含前后接头、绝热层、衬层、隔层和多级脉冲药柱），然后以药柱为芯模，代替传统的砂/聚乙烯醇芯模或石膏芯模，直接在药柱外表面缠绕复合材料壳体，最后中温固化成型。

（2）带药缠绕技术的特殊工艺要求

复合材料壳体带药缠绕工艺技术适用于轴向＋径向隔层式双脉冲燃烧室，对推进剂的力学性能、安全性能、壳体缠绕工艺、缠绕场地技安条件、壳体固化工艺、固化设备等均有严格的要求，安全性是该工艺技术的最高要求。

①安全生产要求

1）生产单位必须具备火工品生产资质。

2）生产场地必须满足火工品生产技安要求。

②药柱芯模要求

1）药柱作为芯模，要求具有一定的强度和刚度。

2）药柱内孔需装配有金属心轴，以加强药柱芯模刚度，防止缠绕和固化放置过程中药柱芯模弯曲变形。

3）推进剂的抗拉强度 $\sigma_m \geqslant 2.0$ MPa（测试条件：$T = 20$ ℃，$V = 100$ mm/min）。

4）推进剂具有较好的安全性，尤其是摩擦感度、静电感度等指标，推进剂安全危险等级不大于 1.3 级。

③壳体固化要求

1）采用中温固化体系树脂配方，要求固化温度≤50 ℃，在水域烘箱中立式放置固化。若采用卧式放置固化，要求每间隔 0.5 h 翻转一次，以减小壳体弯曲变形。

2）随着壳体的固化，药柱会发生二次固化，需要测试药柱跟随试件的力学性能，要求试件二次固化后力学性能满足技术指标要求。

（3）复合材料壳体带药缠绕工艺流程

复合材料壳体带药缠绕燃烧室成型工艺流程为：绝热层成型→二脉冲药柱成型→一脉冲药柱成型→两级脉冲药柱（含隔层）组装→以药柱为芯模带药缠绕→安装前后裙→中温固化成型。

①绝热层成型

将绝热层材料贴在工装内表面，利用工装分别将前绝热层、后绝热层和隔层成型。

②二脉冲药柱成型

绝热层成型后，经过打磨和干燥工序，与二脉冲装药工装组装起来，二脉冲药柱浇注完成后，拉出辅助的模具，对二脉冲药柱整形。

③一脉冲药柱成型

将制成的二脉冲药柱和一脉冲绝热层装在一脉冲装药工装内，经过浇注、整形和脱模后，形成整体药柱结构。

④壳体纵向层缠绕

将药柱放在缠绕机上，进行纵向层缠绕。

⑤安装前后裙体

先进行前后裙体精加工，再将绝热层贴在前后裙体内表面。将前后裙体插接在外壳上，内壁贴剪切层，用锁紧环固定，装配采用预应力安装方法，完成燃烧室成型。

6.4.2　复合材料壳体分级装药工艺技术

（1）分级装药技术的核心环节

分级装药技术的核心环节是先制备壳体后分级浇注药柱。首先制备预置轴向隔层的复合材料壳体，然后浇注二脉冲药柱，安装径向隔层并与轴向隔层粘接，最后浇注一脉冲药柱。

（2）分级装药技术的特殊工艺要求

复合材料壳体分级装药工艺技术适用于轴向＋径向隔层式双脉冲燃烧室，通过预制轴向隔层于复合材料壳体、合理选择分级装药次序、选用常温固化衬层配方、采用支撑工装对轴向隔层进行有效支撑和保护，进而实现双脉冲燃烧室安全装药，其工艺的特殊性主要表现在以下几个方面。

①组合芯模制作

分别制作一脉冲芯模和二脉冲芯模，将两级芯模组合对接，中间安装轴向隔层，形成带轴向隔层的组合芯模，用于复合材料壳体的缠绕。

②二脉冲装药

二脉冲装药前必须安装撑具，用于支撑轴向隔层和二脉冲装药。在药柱固化后，通过连杆机构收起撑具，完成装药的脱模并取出撑具。另外，在后续一脉冲装药固化过程中，二脉冲装药会存在二次固化的现象。

③一脉冲装药

最后浇注一脉冲装药，采用常温固化体系衬层配方，以减小长时间固化高温对二脉冲装药性能的影响。

（3）复合材料壳体分级装药工艺流程

复合材料壳体分级装药工艺流程为：绝热层成型→组合芯模制作（含轴向隔层）→复合材料壳体缠绕固化成型→二脉冲药柱成型→安装径向隔层并与轴向隔层粘接→一脉冲药柱成型。

①绝热层成型

绝热层采用 EPDM 材料，前后封头绝热层采用模压工艺成型，将绝热层与金属接头、弹性层、人工脱粘层模压为一体，后封头采用 EPDM＋碳毛板的复合绝热结构，筒段绝热层采用变厚度手工贴片工艺。

②组合芯模制作（含轴向隔层）

缠绕芯模采用石英砂/聚乙烯醇或石膏材料，通过中心金属骨架进行连接和支撑，以增加整体芯模的强度和刚度，满足缠绕工艺使用要求。一脉冲芯模和二脉冲芯模分别预制成型。将经过筛选、干燥并预热的石英砂，同聚乙烯醇水溶液混合搅拌均匀，注入振动台上的金属模具中浇注成型，在炉中烘干后从模具中脱出，形成一脉冲芯模和二脉冲芯模。

将一脉冲芯模、轴向隔层、二脉冲芯模套装在金属心轴上，用水溶性粘合剂粘接在一起。芯模的部分型面及尺寸，最终可通过精加工成型。将前后封头绝热层模压件套装并粘接在芯模两端，在芯模筒段按照不同部位的绝热厚度要求手工粘贴筒段绝热层，并与轴向隔层、前后封头绝热层的搭接面粘接在一起，最终形成绝热组合芯模，并与复合材料壳体一起固化成型。

③复合材料壳体缠绕固化成型

将经过浸胶的连续增强纤维，按照一定的规律缠绕到组合芯模上，层叠到规定厚度后，安装前后裙，并在前后裙安装部位环向缠绕纤维固定，壳体高温（分阶段升高至150 ℃）固化成型。拆除金属芯模，用热蒸汽冲掉石英砂/聚乙烯醇，清理绝热层和轴向隔层，最终形成带轴向隔层的复合材料壳体。

④二脉冲药柱成型

安装二脉冲装药撑具，撑具型面与轴向隔层相匹配，支撑轴向隔层，浇注二脉冲装药，高温固化后脱模并取出撑具。

⑤安装径向隔层并与轴向隔层粘接

打磨并清理轴向隔层与径向隔层粘接部位，安装径向隔层，采用常温固化体系胶粘剂，将轴向隔层与径向隔层粘接在一起，通过气囊加压固化。

⑥一脉冲药柱成型

采用常温固化体系衬层配方，均匀喷涂衬层，浇注一脉冲装药，高温固化后脱模，最终形成双脉冲燃烧室。在一脉冲药柱高温固化过程中，应随炉对二脉冲推进剂试件进行二次固化，要求试件力学性能仍能满足推进剂技术指标。

参 考 文 献

[1] 苑博，马亮，等．复合材料分段壳体设计及分析技术探索［C］.2010 年中国航天科技集团公司第四研究院第四十一研究所（院科技委）固体火箭发动机技术学术交流会论文集，2010.

[2] 刘亚冰，王长辉，等．双脉冲发动机燃烧室局部烧蚀特性分析［J］.固体火箭技术，2011，34（4）：453 - 456.

[3] 孙娜，娄永春，孙长宏，等．某双脉冲发动机燃烧室两相流场数值分析［J］.固体火箭技术，2012，35（3）：335 - 338.

[4] 李映坤，韩珺礼，陈雄，等．级间通道构型对双脉冲发动机燃烧室局部受热的影响［J］.推进技术，2014，35（11）：1503 - 1510.

[5] 朱卫兵，张永飞，陈宏．双脉冲发动机内流场研究［J］.弹箭与制导学报，2012，32（1）：114 - 118.

[6] L J Stadler，S Hoffmann，H Niedermaier．Testing and verification of the LFK - NG dual pulse motor［R］. AIAA 2006 - 4765.

[7] Naumann K W，Stadler L．Double - pulse solid rocket motor technology applications and technical solutions［R］. AIAA 2010 - 6754.

[8] L J Stadler，J Huber，et al. The double pulse motor demonstrator MSA［R］. AIAA 2010 - 6755.

[9] P Trouillot，D Audri，S Ruiz，et al. Design of internal thermal insulation and structures for the LFK - NG double pulse motors［R］. AIAA 2006 - 4763.

[10] Hacker A，Sting R，Niedemmaier H，et al. The safety and delay device for the LFK - NG double - pulse motor［R］. AIAA 2006 - 4764.

第7章 多脉冲发动机喷管技术

在发动机工作过程中，喷管需要承受高温、高压、高速气流的冲刷作用，工作条件十分恶劣，历来是发动机质量可靠性重点关注的部件。

多脉冲发动机喷管的工作过程就更加复杂，需要经历多次间歇式工作，这使得喷管的工作环境更加恶劣，具体表现为：1）喷管的总工作时间一般较长（$t=t_1+t_2+\cdots$），对喷管的热防护设计提出了更高的要求；2）多次间歇式的点火工作模式，意味着喷管需要经受多次热载荷的冲击，喷管的热结构完整性至关重要；3）较长的脉冲间隔时间，使得喷管的后效炭化更加严重，喷管组件界面间的密封可靠性有降低的风险。因此，对于多脉冲发动机喷管的结构及热防护设计，需要重点考虑脉冲工作过程及脉冲间隔时间的影响。

本章仅介绍多脉冲发动机相关的喷管技术内容。

7.1 多脉冲喷管的类型与结构

7.1.1 多脉冲喷管的类型

多脉冲喷管的选用类型一般不受限制，可根据设计需要选用固定喷管或摆动喷管（柔性喷管、球窝喷管、珠承喷管）、长尾喷管或非长尾喷管、潜入喷管或非潜入喷管、延伸喷管或非延伸喷管、单喷管或多喷管。

7.1.2 多脉冲喷管的结构

对于常规发动机，喷管仅工作一次，在发动机工作期间，必须保证其结构完整和工作可靠。在发动机工作结束后，往往喷管喉衬组件与扩张段绝热层之间会形成较大的间隙（这是由于喷管组件之间热应力的相互作用及热解气体的释放造成的），但此时发动机已工作结束，一般不会对发动机造成不利影响。

对于多脉冲发动机，喷管需要工作多次，必须经受多次间歇式热载荷的冲击，会直接影响喷管的热结构完整性、喉衬组件的性能保持能力、喉衬和背壁界面的密封可靠性等，因此，需要对多脉冲喷管的结构与热防护进行特殊设计。

多脉冲喷管主要由金属件壳体、收敛段绝热层、喉衬组件（喉衬及背壁）、扩张段绝热层组成，通过胶粘剂粘合在一起。喷管采用倒锥结构、双间隙设计，以释放喷管组件之间的热应力，消除热解气体释放对组件界面的影响，限制喉衬组件向燃烧室的轴向串动，确保喷管在长脉冲间隔及多次热载荷冲击作用下的热结构完整性。

（1）金属件壳体

金属件壳体可采用高强度钢（30CrMnSiA、D406A）、钛合金或铝合金材料，主要承受高压载荷的作用，按照多级脉冲中最大的工作压强 P_{max}（P_{1max}，P_{2max}，P_{3max}）进行设计。

金属件壳体必须采取热防护措施，保证在发动机工作期间内，其温度保持在一定的范围内，一般铝件温升不超过 100 ℃，钢件或钛件温升不超过 200 ℃。

（2）收敛段绝热层

收敛段绝热层选用碳/酚醛材料，采用倒锥结构设计，与喉衬组件的倒锥型面相配合，以防止脉冲间隔期喉衬组件向燃烧室方向串动，导致喉衬组件与扩张段绝热层间隙过大，从而形成燃气通道。

（3）喉衬组件

喉衬与背壁绝热层粘合在一起，形成喉衬组件。

喉衬可采用 C/C 材料，位于喉衬组件的内层。由于石墨、石墨渗铜、钨渗铜等材料受热膨胀受压易破碎，不适宜多脉冲发动机选用。背壁绝热层采用 5 - Ⅱ 石棉/酚醛或高硅氧/酚醛材料，位于喉衬组件的外层。

为降低喉衬组件热应力，喷管采用双间隙结构设计，即在喉衬组件与收敛段倒锥绝热层之间、喉衬组件与扩张段绝热层之间预留了设计间隙，其间隙度按照喉衬组件的轴向和径向的极限膨胀量进行设计，以达到喉衬组件受热膨胀释放热应力和热解气体的目的。

（4）扩张段绝热层

多脉冲发动机的工作时间一般较长，扩张段绝热层最好选用高硅氧布/酚醛、碳布/酚醛材料，复合缠绕工艺成型。扩张段绝热层厚度从入口到出口逐渐减薄。

碳布/酚醛材料位于扩张段的内层，具有良好的抗冲刷性能，高硅氧布/酚醛位于扩张段的外层，具有良好的绝热性能。

不同结构形式的双脉冲喷管示意图如图 7 - 1～图 7 - 4 所示。

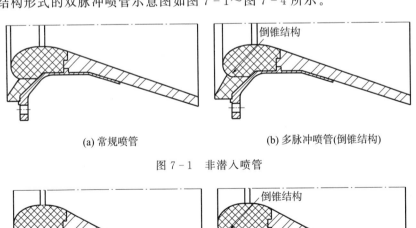

(a) 常规喷管　　　　　　　　　(b) 多脉冲喷管(倒锥结构)

图 7 - 1　非潜入喷管

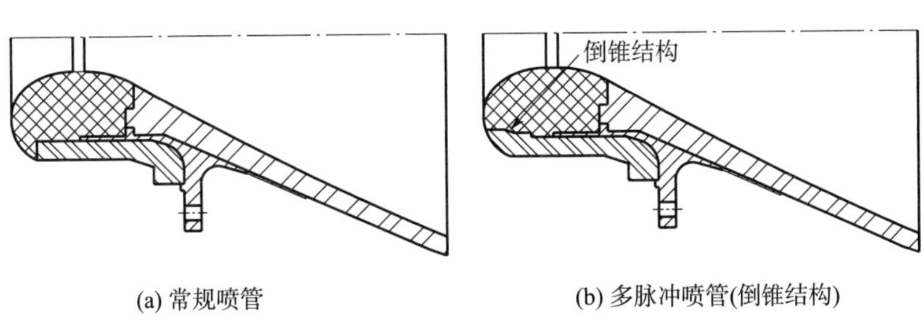

(a) 常规喷管　　　　　　　　　(b) 多脉冲喷管(倒锥结构)

图 7 - 2　潜入喷管

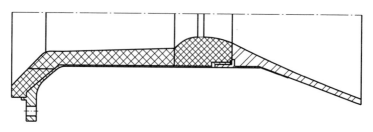

图 7 - 3　长尾喷管

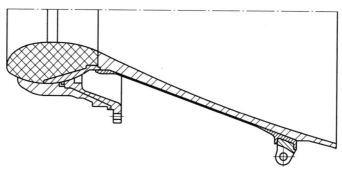

图 7 - 4　球窝喷管

7.2　多脉冲喷管喉径变化辨识

喷管喉径变化辨识的基本思想是：首先根据发动机试车提供的实测 P - t、F - t 数据，求出喷管实际喉径变化趋势，然后根据实际喉径变化趋势建立喉径变化的数学模型，最后利用辨识技术确定模型中的参数。

三脉冲发动机喉径变化示意图如图 7 - 5 所示。

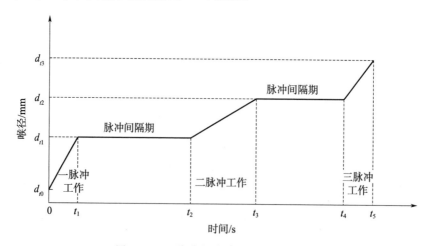

图 7 - 5　三脉冲发动机喉径变化示意图

（1）根据实测 P-t、F-t（见图 7-6）数据计算喷管喉径变化

由发动机推力公式 $F_{ex} = \eta_F C_F p_{ex} A_t$，得

$$d_{tex} = 2\sqrt{\frac{F_{ex}}{\pi p_{ex} \eta_F C_F}} \tag{7-1}$$

式中

$$C_F = \Gamma \sqrt{\frac{2k}{k-1}\left[1-\left(\frac{p_e}{p_{ex}}\right)^{\frac{k-1}{k}}\right]} + \frac{A_e}{A_t}\left(\frac{p_e}{p_{ex}} - \frac{p_a}{p_{ex}}\right)$$

$$\frac{\Gamma}{\frac{A_e}{A_t}} = \left(\frac{p_e}{p_{ex}}\right)^{\frac{1}{k}}\sqrt{\frac{2k}{k-1}\left[1-\left(\frac{p_e}{p_{ex}}\right)^{\frac{k-1}{k}}\right]}$$

$$\eta_F = \frac{\int_{t_0}^{t_b}\dfrac{F_{ex}}{C_F}\mathrm{d}t}{\int_{t_0}^{t_b} p_{ex} A_t \mathrm{d}t}$$

由公式可见，推力系数 C_F 是压强比 p_e/p_{ex} 的函数，而压强比 p_e/p_{ex} 又是喷管面积比 A_e/A_t 的函数，因此推力系数 C_F 是喷管面积比 A_e/A_t 的函数，假设喷管出口截面积 A_e 为定值（烧蚀较小），则推力系数 C_F 就是喉径 d_t 的函数，可由斯蒂芬森迭代法求解非线性方程得到。另外，喷管效率 η_F 也是喉径 d_t 的函数，这样，推力系数 C_F 和喷管效率 η_F 都是喉径 d_t 的函数，喉径 d_{tex} 为隐函数，可用迭代法求得喷管喉径随时间的变化趋势，如图 7-7 所示。

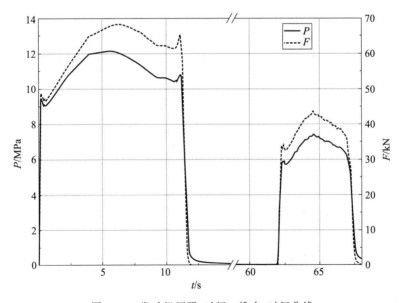

图 7-6　发动机压强-时间、推力-时间曲线

（2）喷管喉径变化模型及辨识

喷管喉径变化与 Al_2O_3 粒子的沉积、消融和喉衬材料的缓慢烧蚀有关，喉径变化较平

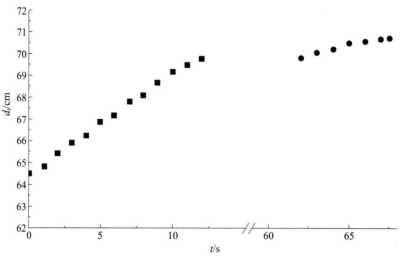

图 7 - 7　喷管喉径-时间曲线

缓，常采用多项式作为数学模型，本文算例采用二项式模型

$$d_t(t) = d_{t0} + a_1(t - t_0) + a_2(t - t_0)^2 \qquad (7-2)$$

式中，t_0 是曲线上第一点的工作时间；d_{t0} 是 t_0 时刻对应的喷管喉径；t 是发动机工作时间；a_1，a_2 是待定常数。

喉径变化模型对待辨识参数来说是线性的，可以采用线性辨识技术。

首先选取内积空间，$\varPhi = \mathrm{span}\{\psi_0,\ \psi_1,\ \psi_2\} = \mathrm{span}\{1,\ (t-t_0),\ (t-t_0)^2\}$

定义矩阵

$$\boldsymbol{A}^{\mathrm{T}} = \begin{bmatrix} \psi_0(t_0) & \psi_0(t_1) & \cdots & \psi_0(t_{i_1}) \\ \psi_1(t_0) & \psi_1(t_1) & \cdots & \psi_1(t_{i_1}) \\ \psi_2(t_0) & \psi_2(t_1) & \cdots & \psi_2(t_{i_1}) \end{bmatrix} \qquad (7-3)$$

$$\boldsymbol{C}^{\mathrm{T}} = \begin{bmatrix} d_{t0} & a_1 & a_2 \end{bmatrix} \qquad (7-4)$$

$$\boldsymbol{y}^{\mathrm{T}} = \begin{bmatrix} d_t(t_0) & d_t(t_1) & \cdots & d_t(t_{i_1}) \end{bmatrix} \qquad (7-5)$$

式中，i_1 为采样点数。

线性拟合的方程组为

$$\boldsymbol{A}^{\mathrm{T}} \boldsymbol{A} \boldsymbol{C} = \boldsymbol{A}^{\mathrm{T}} \boldsymbol{y} \qquad (7-6)$$

应用列主元直接三角分解法求解该方程组。

7.3　多脉冲喷管热结构完整性分析

（1）模型建立及边界条件

喷管的热结构分析采用轴对称模型。为满足双脉冲喷管的热结构计算要求，采用了直接耦合求解法代替传统的序贯耦合求解法。

收敛段、喉衬内型面及扩张段内型面为第三类传热边界（对流换热边界）和压强边界，对流换热系数由巴兹公式计算，压强载荷根据一维等熵流动求出，燃温按 3 300 K 取值。

在脉冲间隔期，给定喷管壁面的对流换热系数在自然对流和受迫对流之间，取值为 100 W/（m² · K），脉冲间隔期的燃气温度取值为 1 273 K。喷管外壁面采用自然对流边界，对流换热系数为 25 W/（m² · K），环境温度为 293 K。

喉衬与背壁等部件之间采用接触边界，其他部件配合部位为绑定约束。约束固定体外端面轴向位移为零。

在计算对流换热系数时，将巴兹公式内嵌入分析软件，根据各时刻喷管壁面温度和壁面附近流场温度迭代计算。

（2）喷管热结构完整性分析

①固定体金属件温度和应力分布

固定体金属件温度和应力分布情况如图 7 - 8 所示。喷管温度场的计算结果总体上符合既有规律。喷管固定体金属件在二脉冲工作结束时最高温度达到 194 ℃。利用有限元软件对固定体金属件强度进行了校核：法兰连接件壳体受力情况良好，最大应力为 490 MPa，壳体材料的强度极限为 1 080 MPa，安全系数为 2.2，法兰连接件壳体强度有较大的安全裕度。

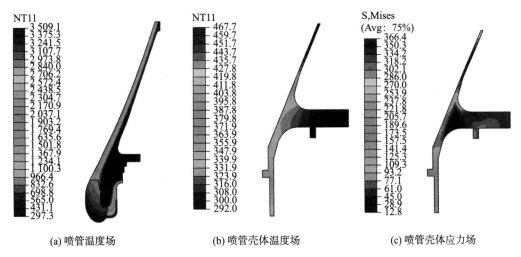

(a) 喷管温度场　　　　　　(b) 喷管壳体温度场　　　　　　(c) 喷管壳体应力场

图 7 - 8　固定体金属件温度和应力分布情况（见彩插）

②喉衬应力场分布

喉衬在一脉冲工作结束时、脉冲间隔结束时、二脉冲结束时各向应力场分布如图 7 - 9～ 图 7 - 11 所示。

计算结果表明：

1）径向应力以压应力为主，在脉冲间隔期间可以形成最大 2 MPa 的径向拉应力。

2）轴向拉应力随时间递增。二脉冲结束时，轴向最大拉应力为 10.3 MPa，满足喉衬的常温轴向拉伸强度。

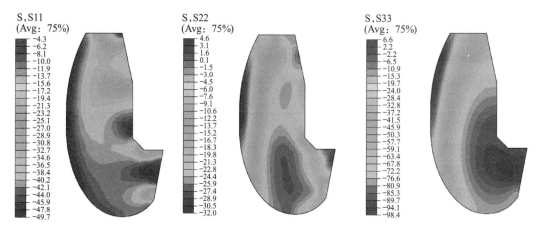

图 7 - 9　一脉冲工作结束时喉衬应力场（见彩插）

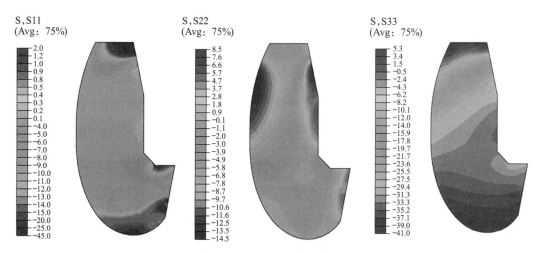

图 7 - 10　脉冲间隔结束时喉衬应力场（见彩插）

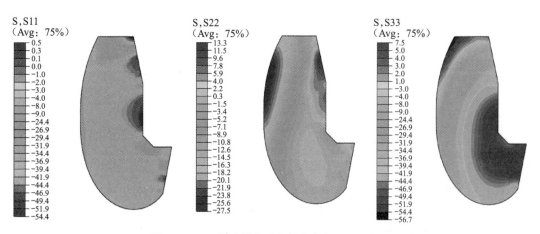

图 7 - 11　二脉冲结束时喉衬应力场（见彩插）

3）环向最大拉应力和压应力随时间先减小后增加，在一脉冲结束时压应力最大，达到 98.4 MPa，在二脉冲结束时拉应力最大达到 7.5 MPa。

图 7－12 为最大轴向拉应力点（喉衬后锥段前端）的应力-时间曲线，计算表明该点在一脉冲工作期间主要为压应力。在脉冲间隔期间由于燃气载荷的撤销而立即减小。随着温度的传递，拉应力逐渐增大，并在二脉冲结束时达到最大值。

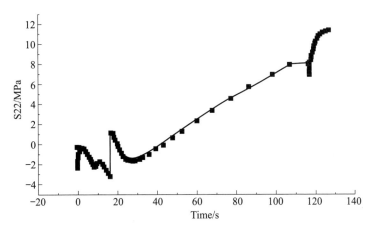

图 7－12　最大轴向拉应力点的应力-时间曲线

7.4　多脉冲喷管工作过程仿真分析

多脉冲喷管工作过程实际上就是流场—传热—烧蚀的强耦合过程。通过喷管流固耦合仿真分析，对喷管工作过程中的传热烧蚀特性进行研究，得到喷管瞬态温度分布、绝热材料热解炭化情况及碳/碳喉衬瞬态烧蚀情况，并分析脉冲工作过程及脉冲间隔时间对喷管传热烧蚀的影响。

7.4.1　喷管工作过程的划分

以双脉冲发动机为例，喷管工作过程的划分及相应的仿真分析如下。

（1）一脉冲工作

流场仿真分析：采用二维轴对称模型，喷管入口截面设置为压力入口边界条件，喷管出口截面设置为压力出口边界条件，喷管内型面设置为固壁边界条件，进行稳态流场计算。

传热仿真分析：将喷管外壁与端面分别设为自然对流壁面与绝热壁面，将喷管内壁设为流固耦合壁面，允许燃气向固相材料传热，以一脉冲稳态流场计算结果为初场，进行流固耦合传热的非稳态计算，计算时间为一脉冲工作时间。

（2）脉冲间隔期

将喷管内壁设为绝热，固相材料内部导热继续进行，计算时间为脉冲间隔时间。

（3）二脉冲工作

流场仿真分析：采用二维轴对称模型，喷管入口截面设置为压力入口边界条件，喷管出口截面设置为压力出口边界条件，喷管内型面设置为固壁边界条件，进行稳态流场计算。

传热仿真分析：将喷管外壁与端面分别设为自然对流壁面与绝热壁面，将喷管内壁设为流固耦合壁面，允许燃气向固相材料传热，以二脉冲稳态流场计算结果为初场，进行流固耦合传热的非稳态计算，计算时间为二脉冲工作时间。

7.4.2　仿真分析模型及计算方法

（1）物理模型及网格划分

喷管模型主要由收敛段壳体、收敛段绝热层、喉衬、背壁绝热层、扩张段壳体和扩张段绝热层组成。采用二维轴对称计算模型，用四边形结构性网格离散计算区域。为了精确分析流动与传热现象、提高计算精度，对参数变化剧烈区域的网格加密，如喷管近壁区域、喉部区域和有转角的区域。另一方面，为提高计算效率，参数变化缓慢区域的网格稀疏一些。

喷管物理模型及网格划分如图 7-13 所示。

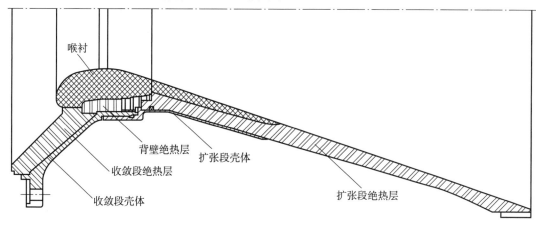

喷管结构图

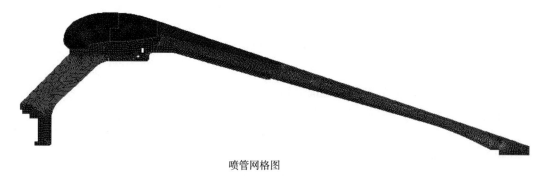

喷管网格图

图 7-13　喷管物理模型及网格划分

（2）计算方法

湍流模型采用可压缩标准 $k-\varepsilon$ 两方程模型，近壁处理采用增强型壁面函数。

7.4.3　仿真分析结果

（1）一脉冲工作仿真分析

一脉冲工作结束时（$t_1 = 11$ s），喷管组件的温度分布及绝热层热解炭化情况如图 7 - 14 所示。

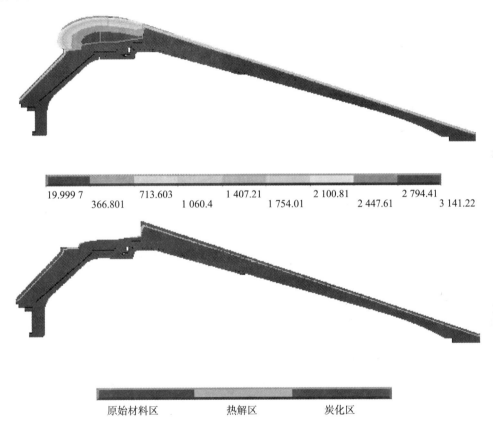

| 19.999 7 | | 713.603 | | 1 407.21 | | 2 100.81 | | 2 794.41 |
| | 366.801 | | 1 060.4 | | 1 754.01 | | 2 447.61 | 3 141.22 |

原始材料区　　　　　热解区　　　　　炭化区

图 7 - 14　一脉冲工作结束时喷管温度分布及热解炭化情况（见彩插）

由于一脉冲工作过程中高温高速燃气与喷管内壁面间出现了强烈的对流换热，喷管内壁面径向方向形成了明显的温度梯度。由于喉衬的导热系数和热扩散率较大，所以喉衬温度较高，温升也较快。

（2）脉冲间隔期仿真分析

脉冲间隔时间分别为 5 s、10 s、20 s 的喷管温度分布情况如图 7 - 15 所示。

在脉冲间隔时间内，随着时间的增加，喷管组件各处温差不断下降，温度逐渐趋于接近，这是由于脉冲间隔期不再有高温高速燃气与喷管内壁发生换热，而固相材料内部的导热又继续进行，因此脉冲间隔时间越长，材料内部温度越趋于平衡。

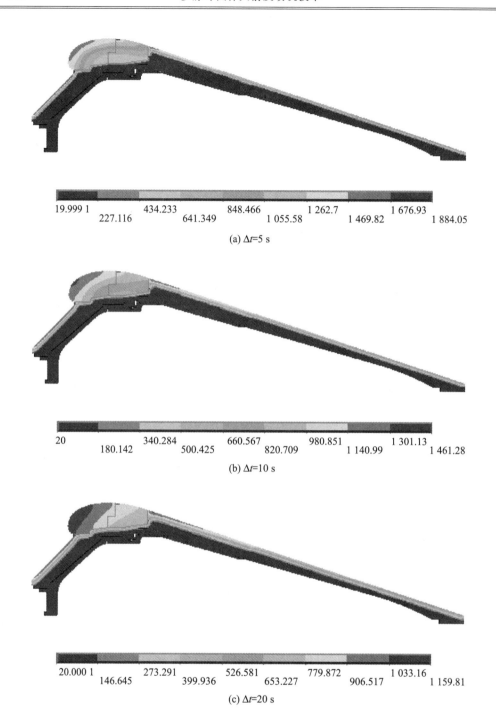

(a) Δt=5 s

(b) Δt=10 s

(c) Δt=20 s

图 7-15 不同脉冲间隔时间喷管温度分布情况（见彩插）

（3）二脉冲工作仿真分析

二脉冲工作结束时（$t_2 = 5.5$ s），喷管温度分布及绝热层热解炭化情况如图 7-16 所示。

　　二脉冲工作过程中，高温高速燃气再次与喷管内壁发生对流换热，与脉冲间隔期相比，喷管组件材料温度继续升高，绝热材料的热解线、炭化线继续向材料内部扩展。

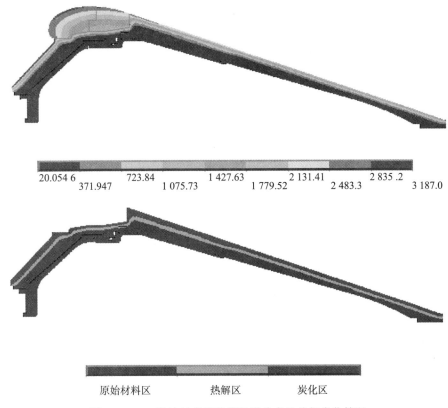

20.054 6		723.84		1 427.63		2 131.41		2 835 .2	
	371.947		1 075.73		1 779.52		2 483.3		3 187.0

原始材料区　　　　　　热解区　　　　　　炭化区

图 7 - 16　二脉冲结束时喷管温度分布及热解炭化情况

参 考 文 献

［1］ 张晓光，刘宇，王长辉．双脉冲固体发动机喷管传热烧蚀特性［J］．航空动力学报，2012，27（6）：1391－1397．

［2］ 李映坤，韩珺礼，陈雄，等．基于嵌套网格的脉冲发动机喷管内流场数值模拟［J］．固体火箭技术，2014，37（2）：178－183．

［3］ 易法军，梁军，孟松鹤，等．防热复合材料的烧蚀机理与模型研究［J］．固体火箭技术，2000，23（3）：49－57．

［4］ 方丁酉，夏智勋，姜春林．C/C喉衬稳态烧蚀的工程计算［J］．固体火箭技术，2000，23（2）：24－27．

［5］ Thakre P，Yang V. A comprehensive model to predict and mitigate the erosion of carbon－carbon/graphite rocket nozzles［R］．AIAA 2007－5777．

［6］ 刘建军，李铁虎，郝志彪．喉衬热环境与碳/碳复合材料的烧蚀．宇航材料工艺，2005，35（1）：42－48．

［7］ 黄海明，杜善义．C/C复合材料烧蚀性能分析．复合材料学报，2001，18（3）：76－80．

［8］ 俞继军，马志强，姜贵庆，童秉纲．C/C复合材料烧蚀形貌测量及烧蚀机理分析［J］．宇航材料工艺，2003（1）：36－39．

［9］ Oguni K，Ravichandran G. A micromechanical failure model for unidirectional fiber reinforced composites［J］．Intemational Journal of Solids and Structures，2001，38：7215－7233．

［10］ 尹建，张红波，熊翔，等．热解炭结构对C/C复合材料烧蚀性能的影响．材料研究学报，2007，21（1）：10－14．

［11］ 杨飒，李江，王文彬，等．C/C喉衬烧蚀性能的实验研究［J］．固体火箭技术，2009，32（3）：284－287．

［12］ 王书贤，陈林泉，刘勇琼．C/C喉衬烧蚀试验方法研究［J］．固体火箭技术，2007，30（2）：170－172．

［13］ 陈汝训，等．固体火箭发动机设计与研究（下）［M］．北京：中国宇航出版社，1992：185－186．

［14］ 高波．固体发动机燃烧室离散相颗粒相变对喉衬烧蚀的影响［J］，固体火箭技术，2009，32（4）：379－382．

［15］ 崔红，李瑞珍，苏明君，等．多元基体抗烧蚀碳/碳复合材料的微观结构分析［J］．固体火箭技术，2001，24（3）：63－67．

第8章 多脉冲发动机点火技术

多脉冲发动机点火器设计主要包括点火器结构设计和点火布局设计两部分，要求点火器能够多次、快速、可靠点火，是多脉冲发动机的关键技术之一。

多脉冲点火器的设计依据为正式下发的点火器设计任务书，通常根据多脉冲发动机的类型、脉冲数量、结构形式、工作压强、推进剂燃速、药型及装药量、初始自由容积、喷管喉径、工作环境等参数，进行点火器结构设计和点火布局设计，使得发动机点火性能（如点火延迟期、点火压强峰、推力加速性等）满足设计要求，同时具有较好的安全性和可维修性。

本章仅介绍多脉冲发动机相关的点火技术内容。

8.1 点火器的类型与结构

多脉冲发动机常用的点火器主要有药盒式点火器和篓式点火器，按照外形可分为圆柱形点火器和圆环形点火器，按照烧蚀情况可分为不可消融点火器、可消融点火器和可燃点火器。

（1）篓式点火器

篓式点火器主要由绝热顶盖、篓式药盒、点火药和发火元件组成。篓式点火器通常用于最后一级脉冲的点火，通过螺纹安装在壳体前开口处，脉冲点火导线经发动机内部从头部引出，示意图如图8-1所示。

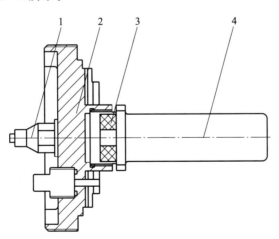

图8-1 篓式点火器

1—发火元件；2—绝热顶盖；3—篓式药盒；4—点火药

顶盖采用金属材料（如铝合金、钢等）整体加工成型。顶盖的外侧端面设计有螺纹孔，用于安装发火元件、压力传感器及充气装置。顶盖的内侧端面粘接绝热环，用于顶盖的热防护。顶盖通过外螺纹与壳体前接头连接，通过内螺纹与篓式药盒连接。

篓式药盒一般采用可消融的金属材料（如铝合金）整体机加成型，也可采用不可消融的复合材料（如玻璃钢）整体缠绕成型。药盒设计为一端收缩的篓式结构，收缩端开有一个大排气孔，篓壁上开有多个交错的小排气孔。

点火药选用能量特性高、点燃性好、安全性好的点火药，常用的有黑火药、硼-硝酸钾、镁-聚四氟乙烯、硼系延期药等，点火药采用分段的药环结构，安装在篓式药盒内。

发火元件通常选用钝感电发火管。

（2）环形点火器

环形点火器采用环形结构设计，主要由环形药盒、点火药和发火元件组成，安装在隔层顶盖体上，用于发动机二脉冲点火，示意图如图 8-2 所示。

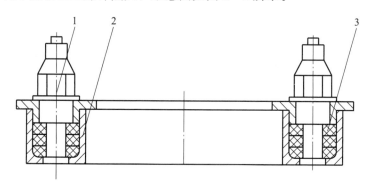

图 8-2　环形点火器

1—发火元件；2—环形药盒；3—点火药

点火器的药盒采用铝合金材料，设计为环形结构，加工成型。药盒端面设计有 3 个螺纹孔，其中 2 个为发火孔，1 个为测压孔。药盒环形槽内装有点火药。点火器通过螺纹与隔层顶盖体连接，安装于发动机头部。

（3）药盒式点火器

药盒式点火器一般为可燃点火器，设计为柱形或环形结构，主要由可燃式药盒、点火药和钝感电点火头组成，具有结构简单、点火延迟时间短、可燃不堵塞喷管等优点，示意图如图 8-3 所示。

药盒式点火器常用于前级脉冲燃烧室，在前级脉冲工作时能够完全燃尽，避免点火器残骸在后级脉冲工作中脱落，引发堵塞喷管的风险。对于隔舱式发动机，药盒式点火器通常粘接在隔舱或药柱中孔，点火导线通过药柱中孔及后人脱缝隙，连接于后封头电连接器，点火导线由发动机尾部引出。对于轴向隔层式发动机，药盒式点火器置于轴向隔层与端燃包覆药柱之间，药盒采用柱形或环形结构，粘接于药柱端面预先设计的凹槽内。

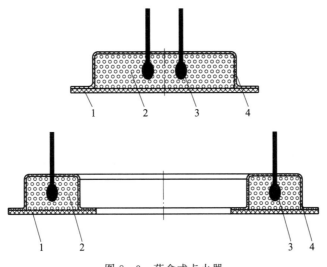

图 8 - 3　药盒式点火器

1—药盒盖；2—点火药；3—发火元件；4—药盒体

8.2　点火器的选择与点火布局

多脉冲发动机点火器通常根据发动机的类型（隔层式或隔舱式）、脉冲数量、结构尺寸、装药药型等因素合理进行选择。所选择的点火器应在规定的点火加速时间内点燃主装药，并维持其正常燃烧。选择点火器的主要要求有：1）提供足够的点火热流量；2）燃烧时间应适当，一般要略大于发动机要求的点火加速时间；3）在燃烧室内建立一定的点火压力，能够保证发动机装药部分表面在短时间内点燃。

多脉冲发动机采用多套点火器，其点火布局必须与发动机的结构相匹配。发动机点火布局主要包括点火器安装位置、点火导线铺设方向及最终引出位置等，合理的点火布局能够简化发动机结构、提高工作可靠性。

（1）隔舱式多脉冲发动机（以三脉冲发动机为例，见图 8 - 4）

一脉冲选用可燃药盒式点火器，以避免后级脉冲（二脉冲、三脉冲）工作时点火器残骸堵塞喷管。点火器粘接于药柱前端中孔，便于点火燃气全部通过药柱表面并参与点火过程，提高点火效率。点火导线向后穿过药柱中孔，由喷管收敛段上的密封电连接器引出。如果导弹总体要求三级脉冲的点火位置统一为发动机头部，那么一脉冲点火导线就必须向前穿过二脉冲隔舱、二脉冲燃烧室、三脉冲隔舱、三脉冲燃烧室，最终从发动机头部前顶盖上的密封电连接器引出。

二脉冲选用可燃药盒式点火器，点火导线必须从发动机头部引出，以避免前级脉冲（一脉冲）工作时烧毁导线，这一点需要特别注意。对于内孔燃烧药型，点火器粘接于药柱前端中孔，点火导线向前穿过三脉冲隔舱和三脉冲燃烧室，从发动机头部引出。对于端面燃烧药型，可采用环形点火器，粘接于壳体绝热层，利用药柱端面和隔舱轴向限位，导线向前穿过端燃包覆药柱与壳体绝热层之间的缝隙（人脱间隙）、三脉冲隔舱和三脉冲燃烧室，最终从发动机头部引出。

三脉冲选用篓式点火器，与传统发动机点火相同，通过螺纹或法兰安装在壳体前接头上，点火导线由发动机头部引出。

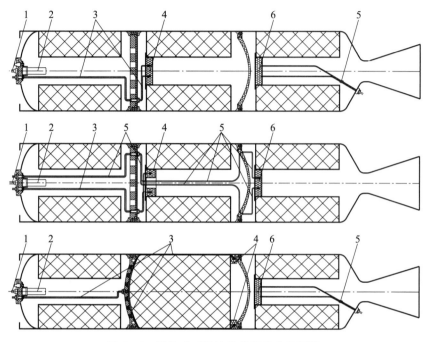

图 8-4　隔舱式三脉冲发动机点火布局图

1—三脉冲点火导线；2—三脉冲点火器；3—二脉冲点火导线；4—二脉冲点火器；5——脉冲点火导线；6——脉冲点火器

对于陶瓷隔舱，可以利用陶瓷材料良好的绝缘特性，将金属接线柱与隔舱烧结为一体，解决陶瓷隔舱两侧导线的连线与密封问题。对于金属膜片隔舱或蜂窝塞隔舱，可以利用密封电连接器，实现隔舱两侧点火导线的连接和密封。点火导线穿舱结构图如图 8-5 所示，点火器与隔舱连接结构图如图 8-6 所示。

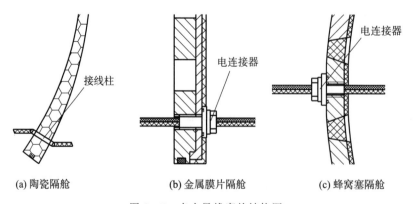

(a) 陶瓷隔舱　　　　　(b) 金属膜片隔舱　　　　　(c) 蜂窝塞隔舱

图 8-5　点火导线穿舱结构图

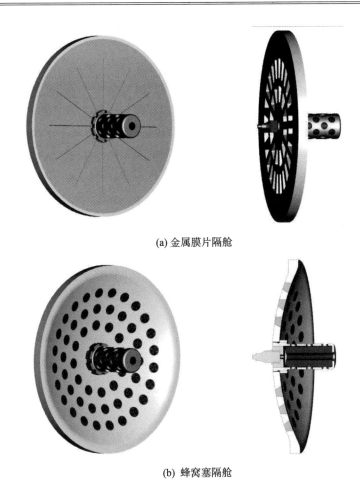

(a) 金属膜片隔舱

(b) 蜂窝塞隔舱

图 8 - 6　点火器与隔舱连接结构图

（2）隔层式多脉冲发动机

隔层式多脉冲发动机的点火布局与隔离方式有着密切关系。

①轴向隔层式双脉冲发动机

一脉冲选用可燃药盒式点火器，粘接于药柱前端中孔，避免后级脉冲（二脉冲）工作时点火器残骸堵塞喷管。点火导线布局有两种方式，一种是向后穿过药柱中孔，由喷管收敛段上的密封电连接器引出，这种方式最简单、最合理。另一种是向前穿过二脉冲端燃包覆药柱与绝热壳体之间的缝隙（人脱间隙），从发动机前封头上的密封电连接器引出。轴向隔层式双脉冲发动机点火布局图如图 8 - 7 所示。

二脉冲选用可燃药盒式点火器，置于轴向隔层与端燃包覆药柱之间，粘接于药柱端面中心位置，便于轴向隔层从中心破坏打开（从中心到边缘的破坏模式）。点火导线必须预埋在包覆套筒内，向前从发动机前封头上的密封电连接器引出，以避免前级脉冲（一脉冲）工作时烧毁导线，这一点需要特别注意。包覆套筒采用模压成型工艺，外侧设计有导线槽，用于点火导线的铺设，导线外铺设和粘接绝热层，形成一密闭空间，以保护包覆套筒内的点火导线。

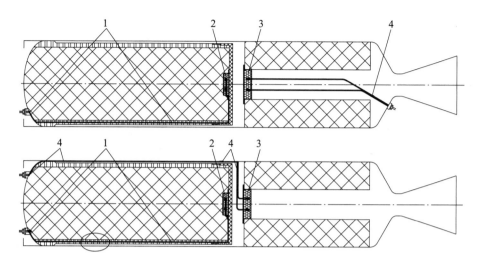

1—二脉冲点火导线；2—二脉冲点火器；3——脉冲点火器；4——脉冲点火导线

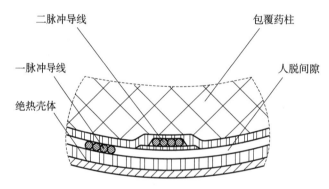

图 8-7 轴向隔层式双脉冲发动机点火布局图

下面介绍一种带中心管的二脉冲点火特殊结构，点火布局图如图 8-8 所示。中心管采用金属材料，外表面粘贴绝热层，位于二脉冲端燃药柱的中心位置，药柱浇注固化后形成为一个整体结构。在轴向隔层与端燃包覆药柱之间，将点火药环粘接固定在二脉冲药柱中心端面凹槽内。当端燃药柱较长时，在中心管的头部安装电连接器，点火导线穿过中心管，尾部连接电发火元件，用于点燃点火药环。当端燃药柱较短时，可以在中心管的头部直接安装电发火元件，点火燃气通过中心管内孔，点燃尾部的点火药环。这种结构的最大优点是，可以通过向中心管充气检漏，检查轴向隔层与包覆药柱之间的粘接质量，避免由于粘接不良导致的两级脉冲同时点燃的灾难性后果。同时，二脉冲点火导线可以穿过中心管，解决了二脉冲点火导线布局和导线保护问题。缺点是其结构略微复杂，对二脉冲装药量也有少许影响。

②轴向＋径向隔层式双脉冲发动机

一脉冲采用篓式点火器，主要由绝热顶盖、篓式药盒、点火药和钝感电发火元件组成。

二脉冲采用环形点火器，主要由环形药盒、点火药和钝感电发火元件组成。

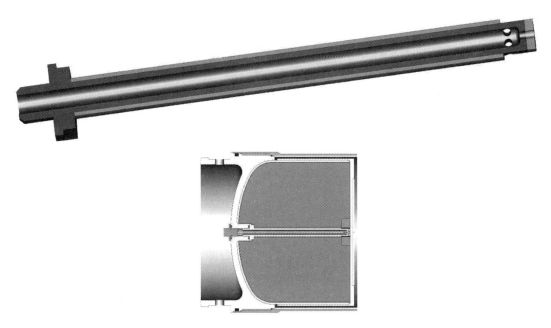

图 8-8　带中心管轴向隔层式双脉冲发动机点火布局图

两级脉冲点火器均安装在隔层顶盖体上，通过法兰与壳体前接头连接，点火导线均从发动机头部引出。

轴向＋径向隔层式双脉冲发动机点火布局图如图 8-9 所示。

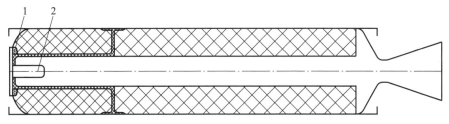

图 8-9　轴向＋径向隔层式双脉冲发动机点火布局图

1—二脉冲点火器；2——脉冲点火器

8.3　点火过程数值仿真分析[1]

隔层式多脉冲发动机点火过程较常规发动机有很大不同，为获得隔层式多脉冲发动机的点火延迟特性及其影响因素，需要建立物理和数学模型，采用 MpCCI 耦合器作为 FLUENT 与 ANSYS 的数据交换平台，通过流固耦合计算获得多脉冲发动机隔层变形过程、推进剂点燃过程以及燃气填充燃烧室过程的数值仿真结果，从而分析多脉冲发动机点火延迟及其影响因素，为多脉冲发动机设计和试验提供参考。点火过程仿真模型如图 8-10 所示。

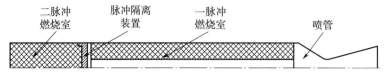

图 8 - 10　点火过程仿真模型

8.3.1　点火过程的划分

多脉冲发动机的点火过程可细分为以下四部分：

1）隔层充气变形过程：发火元件发火，引燃点火药及部分推进剂，产生大量点火气体，不断填充隔层与药柱之间的密闭小区域，使得隔层充气后外凸变形。

2）隔层破坏打开过程：随着点火气体不断填充，密闭小区域内压强不断升高，当压强达到隔层材料的应力极限时，隔层从预设薄弱部位破坏打开。

3）火焰传播过程：点火药和部分推进剂继续燃烧，火焰在药柱表面不断传播，直到燃面全部被点燃。

4）燃烧室填充过程：药柱燃烧产生大量燃气，迅速填充到前级脉冲燃烧室，燃烧室内压强迅速升高，直至达到发动机工作压强。

根据多脉冲发动机点火过程，发动机点火延迟时间 t_{ig} 主要由以下三部分组成：

1）隔层破坏时间 t_{ig1}：从点火药点燃到隔层破坏的时间。

2）火焰传播时间 t_{ig2}：从隔层破坏到装药表面全部点燃的时间。

3）燃烧室填充时间 t_{ig3}：从装药全部点燃到发动机工作压强达到 80% 的时间。

$$t_{ig} = t_{ig1} + t_{ig2} + t_{ig3}$$

8.3.2　仿真分析模型和计算方法

（1）MpCCI 流固耦合原理

MpCCI 在流固耦合计算中起到中间桥梁的作用。FLUENT 首先初始化流场，计算得到模型耦合面节点力，将数据通过 MpCCI 传递给 ANSYS，通过计算，获得时间步长内的节点位移，再通过 MpCCI 将节点位移传递回 FLUENT 耦合面，FLUENT 通过传回的节点位移，由 FLUENT 内置动网格程序对网格重新划分，然后对流场进行计算，计算结果再通过 MpCCI 传给 ANSYS，如此循环。双方在耦合区域面的网格可不匹配，而网格数据之间的转换是通过 MpCCI 插值来实现的。

（2）数学模型

采用 SIMPLE 算法，湍流模型选用标准模型。流动控制方程为可压 N - S 方程组，其通用形式为

$$\frac{\partial(\rho\phi)}{\partial t} + \nabla(\rho V\phi) = \nabla(\Gamma_\phi \nabla\phi) + S_\phi$$

式中，ϕ 为通用变量，代表 u、v、w、T 等求解量；Γ_ϕ 为广义扩散系数；S_ϕ 为广义源项。

上式从左至右依次为非稳态项、对流项、扩散项和源项。

隔层为超弹性材料，用弹性势能函数表示，该函数是一个应变或变形张量的标量函数，而该标量函数对应变分量的导数就是相应的应力分量。

$$[S] = \frac{\partial W}{\partial [E]}$$

式中，$[S]$ 为第二皮奥拉-克希霍夫应力张量；W 为单位体积的应变能函数；$[E]$ 为拉格朗日应变张量。

两常数 Mooney‑Rivlin 应变能密度函数

$$W = a_{10}(I_1 - 3) + a_{01}(I_2 - 3)$$

式中，a_{10}，a_{01} 为材料常数；I_1，I_2 为应量不变量。

（3）边界条件及初始化

①隔层变形过程

入口采用质量入口，点火流量为 0.2 kg/s，点火燃气温度为 2 590 K，分子量为 26.2 g/mol，定压比热为 3 000 J/（kg·K）；推进剂密度为 1 790 kg/m³，导热系数为 0.57 W/（m·K），比热容为 1 200 J/（kg·K）；壳体壁面采用无滑移绝热壁面，燃气与推进剂接触面选用热固耦合壁面。

出口采用压力出口，出口压强为大气压。

初始化：燃烧室压强为大气压，推进剂与燃烧室温度为 300 K。

②火焰传播及填充过程

火焰传播及填充过程采用 UDF 编程，为控制方程添加源项，实现推进剂点燃加质过程。模拟推进剂燃烧加质的源项有质量源项、动量源项、能量源项，公式分别为：

质量源项　　　　　　　　　　　　$\dot{m} = \rho_p r A$

动量源项　　　　　　　　　　　　$\dot{m} v = \rho_p r A v$

能量源项　　　　　　　　　　　　$\dot{m} h = \rho_p r A v C_p T_g$

其中　　　　　　　　　　　　　　$v = -\dfrac{\rho_p}{\rho_g}$

式中，v 为燃气的径向注入速度；ρ_p 为推进剂密度；ρ_g 为燃气密度；A 为推进剂点燃面积，根据推进剂表面温度确定；C_p 为燃气定压比热；T_g 为燃气温度；燃速 $r = aP^n$，P 为燃烧室压强，其中 a 为常数。

喷管出口采用压力出口，出口压强为大气压，壳体壁面均采用无滑移绝热壁面，燃气与推进剂接触面也选用热固耦合壁面，壁面湍流采用标准壁面函数法处理，中心轴为对称轴。

初始化：将隔层变形过程计算得到的隔层与后级脉冲药柱表面之间的流场数据通过插值导入。

（4）计算方法

隔层变形过程橡胶材料失效应用第四强度理论。隔层变形过程计算和火焰传播及填充过程计算均为非稳态计算。耦合计算的数据交换采用如下方式进行：FLUENT 与 ANSYS

只有在接收到数据后才进行计算，数据传递出去后计算停止，等待下一次接收数据后重新开始下一时间步长的计算。隔层变形过程耦合计算获得的流场数据，通过插值的方式导入火焰传播计算模型中。不同的计算模型通过插值方式导入初始场模型之间的网格可以不匹配。最后以导入的参数作为火焰传播及填充过程计算的初始场进行数值模拟计算。MpCCI工作原理如图8-11所示。点火准则为固相表面推进剂着火点温度准则，点火温度为931 K。

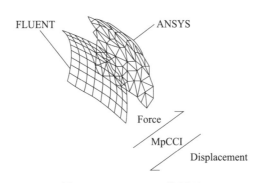

图8-11　MpCCI工作原理

8.3.3　仿真结果及影响因素分析

（1）点火过程仿真分析结果

通过改变点火药量、隔层材料拉伸强度、推进剂燃速、前级脉冲燃烧室自由容积，对多脉冲发动机点火过程进行了7个算例的计算，不同算例计算参数见表8-1，其中算例5为传统固体火箭发动机。

表8-1　不同算例计算参数

参数	隔层材料强度/MPa	点火药量/g	推进剂燃速/(mm/s)	燃烧室长度/m	自由容积/m³
算例1	8	8	$10 \times P^{0.17}$	0.4	0.01
算例2	8	16	$10 \times P^{0.17}$	0.4	0.01
算例3	5	16	$5.03 \times P^{0.5}$	0.4	0.01
算例4	8	16	$10 \times P^{0.17}$	0.4	0.01
算例5	—	8	$10 \times P^{0.17}$	0.01	2.5×10^{-4}
算例6	8	16	$10 \times P^{0.17}$	0.2	0.05
算例7	8	16	$10 \times P^{0.17}$	0.8	0.02

①隔层变形过程

隔层变形过程及分离区流场温度分布云图如图8-12所示。在点火燃气作用下，隔层（白色区域）发生变形，与推进剂表面分离。随着时间的增加，隔层变形逐渐增大，分离区域内压强和温度不断升高，推进剂表面温度也随之升高，当隔层应力到达材料的最大拉伸强度时，隔层从预设薄弱部位破坏打开。

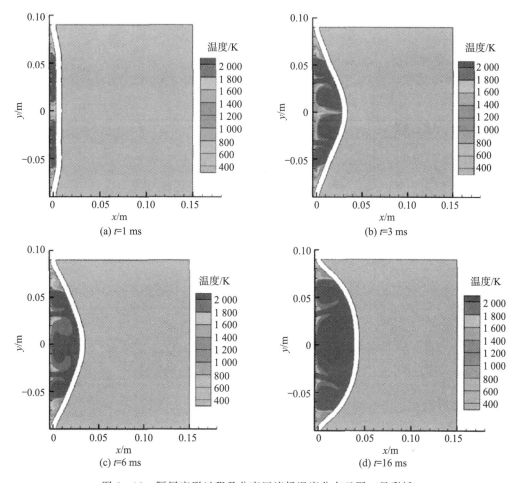

图 8 - 12　隔层变形过程及分离区流场温度分布云图（见彩插）

　　仿真计算得到了隔层分离区内压强及隔层中心位置轴向位移随时间变化曲线（见图 8 - 13）。开始时刻，发火元件引燃点火药，在隔层分离区内产生一个约 0.4 MPa 的初始压力峰，随着隔层的变形，分离区内压强迅速下降到 0.15 MPa，之后继续振荡升高。隔层中心位置轴向位移也随着时间不断增大，并伴随着在轴向方向的来回振荡，这是由于隔层选用超弹性橡胶材料，弹性较大所致。

　　②火焰传播及填充过程

　　采用插值方法，将隔层破坏前计算结果插值导入火焰传播及填充模型，作为火焰传播及填充过程数值仿真的初始参数。隔层破坏前后燃烧室温度云图如图 8 - 14 所示。

　　图 8 - 15 为算例 2 在不同时刻燃烧室温度云图。从图中可以看出，隔层破坏后推进剂并未全部点燃。随着时间的推移，点火燃气不断产生，燃烧室温度随之升高。在燃气填充燃烧室一定时间之后，推进剂未点着部分达到着火点，燃面扩大，燃烧室填充加快。从图中还可以看出，推进剂表面先被引燃的是靠近轴线位置的推进剂，而靠近壳体位置的推进剂，由于原先的温度较小，隔层破坏后，温度又降低，所以相对于中心位置的推进剂，靠近壳体的推进剂后被引燃。

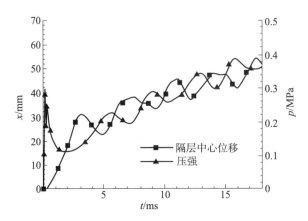

图 8-13 隔层内压强-时间、隔层中心位移-时间曲线

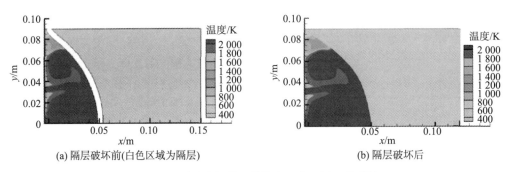

(a) 隔层破坏前(白色区域为隔层)　　　　　　(b) 隔层破坏后

图 8-14 隔层破坏前后燃烧室温度云图 (见彩插)

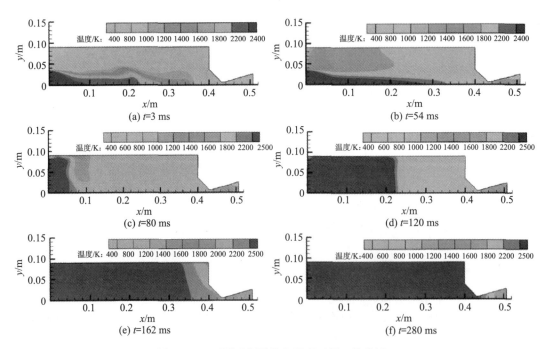

(a) t=3 ms　　　　　　　　　　(b) t=54 ms

(c) t=80 ms　　　　　　　　　　(d) t=120 ms

(e) t=162 ms　　　　　　　　　　(f) t=280 ms

图 8-15 不同时刻燃烧室温度云图 (见彩插)

图 8-16 为算例 2 不同时刻推进剂表面温度随坐标 y 的变化曲线。以温度准则 931 K 为基准，隔层破坏后（如 3 ms），推进剂表面并未全部点燃。随着时间推移，点火燃气引燃推进剂，燃气填充燃烧室，推进剂表面温度也随之升高，推进剂燃面越来越大，在 162 ms 时刻，推进剂表面已经全部点燃。

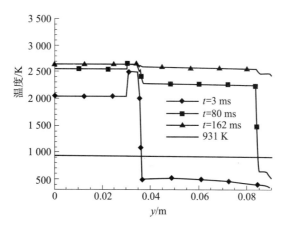

图 8-16　不同时刻推进剂表面温度随坐标 y 的变化曲线

图 8-17 为算例 2 隔层破坏前后推进剂表面的燃气 P-t 曲线。隔层变形过程，由于隔层未破坏时燃气填充，推进剂表面压强振荡升高，隔层破坏瞬间，推进剂表面附近燃气压强在不到 1 ms 时间内迅速下降，之后随着点火药与推进剂的燃烧，燃气填充燃烧室，压强随之升高。火焰传播及填充过程，在压强初始上升段出现了振荡现象，这是由于隔层破坏时刻，高压气体释放，并压缩后部低压气体产生一道波在燃烧室轴线方向来回振荡所致。之后，燃烧室压强持续上升，最终稳定在 8 MPa。

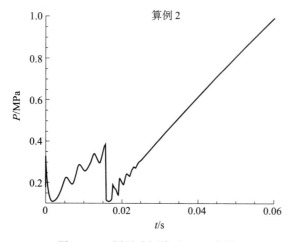

图 8-17　隔层破坏前后 P-t 曲线

（2）点火延迟影响因素分析

各算例点火延迟时间计算结果见表 8-2。

表 8 - 2　不同算例点火延迟时间

（单位：s）

算例	1	2	3	4	5	6	7
t_{ig1}	0.018	0.018	0.011	0.018	—	0.018	0.018
t_{ig2}	0.828	0.162	0.134	0.363	—	0.023	0.18
t_{ig3}	0.251	0.213	0.216	0.404	—	0.095	0.476
t_{ig}	1.097	0.393	0.361	0.785	0.005	0.136	0.674

①点火药量对点火延迟的影响

根据点火药量的不同，分析点火药量对于多脉冲发动机点火过程的影响。算例 1 和算例 2 为多脉冲发动机，点火药量分别为 8 g 和 16 g，燃烧室长度为 0.4 m。算例 5 为传统端燃发动机，点火药量为 8 g，燃烧室长度为 0.1 m。点火药量对点火延迟的影响如图 8 - 18 所示。

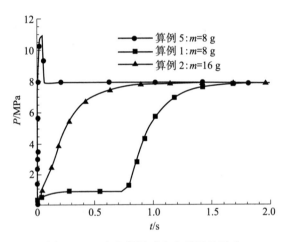

图 8 - 18　点火药量对点火延迟的影响

对于传统端燃发动机，由于自由容积非常小，点火药产生的点火燃气迅速引燃推进剂，产生初始压强峰，在点火药燃烧完之后，燃烧室压强恢复到平衡压强。同时，由于自由容积非常小，燃气填充燃烧室时间也很短，所以传统发动机在点火药量充足的情况下，点火延迟时间非常短。

与传统发动机相比，在点火药量相同的条件下，多脉冲发动机的点火延迟时间急剧增加，但最终都稳定在 8 MPa。对比算例 1 和算例 2 发现，算例 1 点火延迟很长，在发动机工作前期出现了平台段，当推进剂全部引燃后，燃烧室压强又迅速升高，说明算例 1 的点火药量明显不足，导致无法迅速引燃推进剂表面，大大增加了火焰传播时间，算例 1 的火焰传播时间 t_{ig2} 是算例 2 的 5 倍多，加大点火药量可以有效减小多脉冲发动机的点火延迟。

②隔层材料对点火延迟的影响

根据不同隔层材料所能承受的最大拉伸强度，本文选取最大拉伸强度 8 MPa（算例 2）和 5 MPa（算例 3）两种不同隔层材料，进行了点火延迟计算，计算得到各算例燃烧室压强及局部放大图，如图 8 - 19 所示。

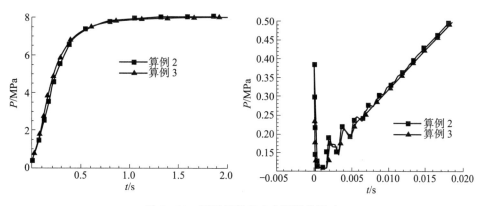

图 8 - 19　隔层材料对点火延迟的影响

对比算例 2 和算例 3，隔层材料的拉伸强度越大，隔层破坏的时间 t_{ig1} 就越长，隔层分离区内的压强就越高，点火药的工作时间相应减小，使得火焰传播时间 t_{ig2} 略有加长，但燃烧室的填充时间 t_{ig3} 几乎相等。所以，两算例的燃烧室压强变化趋势非常相近，点火延迟时间只有细微差别，说明隔层材料对点火延迟几乎无影响。

③燃速对点火延迟的影响

推进剂燃速不同，产生的燃气质量流量与释放的能量也会不同。本文考虑两种不同推进剂燃速对点火延迟的影响，如图 8 - 20 所示。

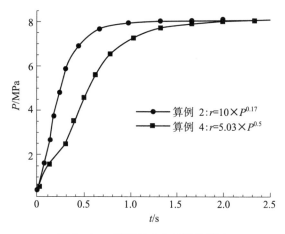

图 8 - 20　燃速对点火延迟的影响

由图 8 - 20 可以看出，算例 4 在压强上升段推进剂燃速低，火焰传播时间增大约 1.2 倍，燃烧室填充时间也增大约 1 倍。火焰传播时间和燃烧室填充时间的增加，都是由于推进剂燃速低，在初始时刻释放出的燃气和能量少于算例 2 所表示的推进剂，所以推进剂的引燃比算例 2 的慢，燃气填充燃烧室也慢，点火延迟大大增加。

推进剂燃速对多脉冲固体火箭发动机的火焰传播期和燃烧室填充期都会产生很大影响。对于多脉冲发动机推进剂的选择，在满足设计条件的情况下，应当尽量选用燃速高的推进剂，这样有助于减小多脉冲发动机的点火延迟。

　　④自由容积对点火延迟的影响

　　与传统固体火箭发动机相比，多脉冲固体火箭发动机自由容积较大。根据大自由容积的特点，本文对四种不同自由容积的发动机进行了点火过程的数值模拟，四个算例燃烧室长度分别为 0.4 m（算例 2）、0.01 m（算例 5，传统端燃发动机）、0.2 m（算例 6）和 0.8 m（算例 7）。

　　图 8-21 所示为四个算例燃烧室压强-时间曲线。算例 5 模拟的传统发动机自由容积非常小，点火产生点火燃气能在短时间内迅速引燃推进剂，所以点火延迟时间较小。算例 5 的压强-时间曲线出现初始压强峰是由于点火流量存在引起的，在点火药燃烧完之后燃烧室压强恢复到平衡压强。

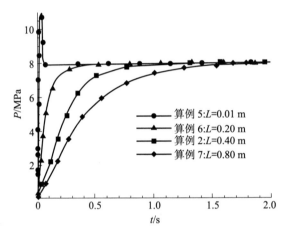

图 8-21　自由容积对点火延迟的影响

　　对比多脉冲固体火箭发动机与传统固体火箭发动机可以发现，由于大自由容积的存在，发动机的点火延迟时间大大增加，且随着自由容积的增大，火焰传播时间和燃烧室填充时间也随之增大，点火延迟也不断增大。

　　综上所述，与传统固体火箭发动机相比，在相同点火药量的情况下，多脉冲发动机的点火延迟大大增加。推进剂燃速越高，点火延迟越小。燃烧室自由容积越大，点火延迟越大。隔层材料对点火延迟影响较小。可以通过适当加大点火药量和提高推进剂燃速来减小点火延迟。

8.4　点火器单项点火试验

　　多脉冲发动机点火器及其点火过程相对复杂，以轴向＋径向隔层式双脉冲发动机为例，其点火器单项点火试验的目的是：测定点火器的压强随时间变化的 $P-t$ 曲线，测得点火器最大压强、工作时间和点火过程增压速率等参数，定位点火器对药柱的冲击点，判断点火器工作是否正常，为完善和修正点火器设计提供依据。

（1）一脉冲点火器单项点火试验

点火器通常放在模拟发动机初始自由容积的测压容器内进行试验，以测得点火器产生的点火压强 $P - t$ 曲线，得到点火器工作的最大压强、点火时间以及点火上升速率等数据，据此判断点火器点火压强与设计压强的吻合程度，并根据试验结果进行点火药量的修正，检验点火器设计的合理性和正确性。一脉冲点火试验装置如图 8 - 22 所示。

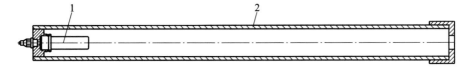

图 8 - 22　一脉冲点火试验装置

1——脉冲点火器；2—模拟试验容器

一脉冲点火器压强曲线如图 8 - 23 所示，试验结果表明，一脉冲点火器产生的点火压强、工作时间和点火上升速率满足设计要求。

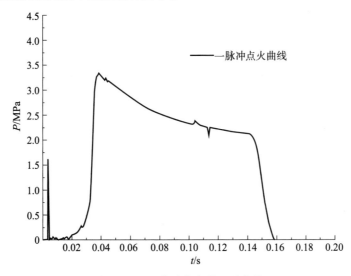

图 8 - 23　一脉冲点火器压强曲线

（2）二脉冲点火器单项点火试验

二脉冲点火器设计最重要的任务之一就是选择合适的点火药量，以确保发动机低温试验的点火加速时间满足总体要求，而高温试验时不会产生过大的点火压力峰，避免对二脉冲药柱产生过大的点火冲击。

首先通过同类发动机类比，根据半经验公式进行初步设计，初步确定点火药量。然后通过单项点火试验，获得二脉冲点火特性，调整点火药量后再次通过试验进行验证，最终确定合适的点火药量。二脉冲点火试验装置如图 8 - 24 所示，二脉冲点火器压强曲线如图 8 - 25 所示。

二脉冲点火器试验需要考察点火燃气对模拟药柱的冲击作用，试验结果表明，二脉冲点火器产生的压强和持续的时间都能满足药柱点火的需要。

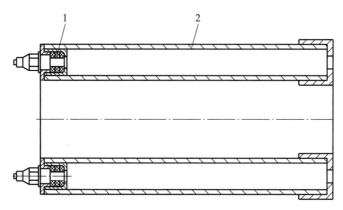

图 8-24　二脉冲点火试验装置

1—二脉冲点火器；2—模拟试验容器

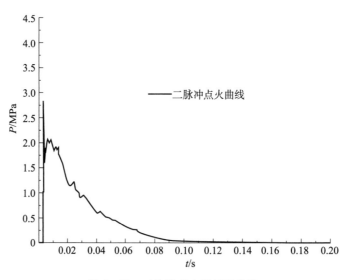

图 8-25　二脉冲点火器压强曲线

参 考 文 献

［1］　杨春庆，魏志军，张雷，王宁飞. 隔层式多脉冲发动机点火延迟数值仿真研究［J］. 推进技术，2014，35（4）：514－522.

［2］　李映坤，韩珺礼，陈雄，周长省，巩伦昆. 基于多物理场耦合的双脉冲发动机点火过程数值模拟［J］. 航空学报，2017，38（4）：75－86.

［3］　Naumann K W，Stadler L. Double－pulse solid rocket motor technology applications and technical solutions［R］. AIAA 2010－6754.

［4］　曹熙炜，任军学，王长辉，刘宇. 软隔板双脉冲发动机二级点火延迟试验分析［J］. 北京航空航天大学学报，2012，38（2）：244－246.

［5］　李江，肖育民，何国强，等. 双脉冲固体火箭发动机二次点火内视研究. 推进技术，1998，19（3）：61－64.

第9章　多脉冲发动机可靠性技术

可靠性是指产品在规定的条件下和规定的时间内完成其规定功能的能力。可靠性设计是为了保证工程设计的可靠性而采取的一系列分析和设计的技术，是为了达到产品的可靠性要求而开展的有关可靠性设计分析、试验和评价等工作。产品的可靠性与其全寿命周期内任务剖面息息相关，可靠性的设计分析包含在发动机产品设计之中，而不是独立存在于工程设计之外，与发动机功能、性能一样贯穿于整个设计、研制、使用直至寿命终止的全过程中。产品可靠性本质上取决于设计和工艺，在研制阶段结束后，产品的固有可靠性就已确定，因此可靠性工程的重点应放在方案与工程研制阶段。

本章重点讨论可靠性的基本概念、固体发动机可靠性要求及指标体系、可靠性预计和分配、可靠性分析以及可靠性评定等。

9.1　可靠性基本概念[1]

可靠度是定量表示可靠性大小的特征量（用概率定量描述）。

对固体发动机而言，其规定的功能分为结构和性能两个部分。结构可靠度是指在规定的条件下和规定的时间内，产品在完成预定工作程序之后，仍能保持其结构完好的概率。显然，保持结构完好是系统发挥其应用作用和效能的前提。性能可靠度是指在规定的条件下和规定的时间内，产品的主要性能参数满足预定上下限的概率。

对产品的可靠度进行估计有点估计和区间估计两种方法，点估计是通过样本的观测值对未知参数给出接近真值的一个估计值，区间估计是在点估计的基础上，给出参数估计的一个区间范围，该区间通常由样本统计量加减估计误差得到。例如，发动机试验5发，全部成功，而按成败型模型计算[2]，其点估计值为100%，按置信度为0.7，其可靠度只有78.6%。在发动机研制过程中通常将样本的点估计值作为产品的可靠性预计值，将样本的区间估计值作为产品的可靠性评定值。

9.2　发动机可靠性要求

可靠性要求是产品使用方向承制方（或生产方）提出的研制目标，是进行产品可靠性设计分析、制造、试验和验收的依据。对固体发动机的可靠性要求主要分为两类，即可靠性定性要求和可靠性定量要求。

9.2.1　可靠性定性要求

可靠性定性要求是指通过非量化要求的形式来设计、评价和保证产品的可靠性，对产品无确切的数值要求。

弹总体对固体发动机的可靠性定性要求通常为：按照总体任务书或可靠性保证大纲的规定开展可靠性管理、设计与分析、试验、验证与评价等工作，并对产品开展故障模式及其影响分析，制定并执行相关可靠性设计准则。

9.2.2　可靠性定量要求

可靠性定量要求是指通过规定产品不同任务剖面的可靠性指标来保证产品的可靠性。

根据相关标准[3]，固体发动机的可靠性要求指标分为三级，第一级为发动机整机级可靠性指标，第二级为部组件级可靠性指标，第三级为各可靠性单元的可靠性指标。

发动机整机级可靠性指标为弹总体在研制任务书中对固体发动机要求的可靠度。通常，弹总体会根据固体发动机的不同任务剖面提出不同的可靠性定量要求（含置信度），如点火可靠度、飞行可靠度、贮存可靠度等。

部组件级可靠性指标为发动机总体在任务书中对各部组件要求的可靠度。

各可靠性单元的可靠性指标是指对发动机成败造成重大影响的可靠性单元的可靠度。

9.3　发动机可靠性定性设计与分析

固体发动机定性方法主要包括故障模式及其影响分析（FMEA）、故障树（FTA）等。

9.3.1　发动机故障模式及其影响分析（FMEA）

发动机故障模式及其影响分析（FMEA）是一种归纳法的定性分析，它从可靠性的角度对所做的设计进行详细评价，对可能发生的故障模式按其影响程度确定等级，并根据需要提出改进设计的意见。

根据相关标准规定[4-5]，产品的 FMEA 主要包括故障模式分析、故障原因分析、故障影响分析、故障检测方法分析和防止措施等。

（1）故障模式分析

故障是产品不能执行规定功能的状态。

固体发动机在寿命期内，其需要完成的功能是点火后提供给导弹适当的推力，其要求为：

1）发动机得到点火指令时必须点火；

2）发动机未得到点火指令时不能点火；

3）发动机的性能必须符合总体所提的指标；

4）发动机在工作过程中的结构应满足使用要求。

在进行故障模式分析时，应确定和描述产品在每一种功能下可能的故障模式。一个产品可能具有多种功能，而每一个功能又可能具有多种故障模式，分析人员要确保找出产品每一个功能的全部可能的故障模式。

（2）故障原因分析

为提高产品的可靠性，在对故障模式进行全面辨识后，还应对每一个故障模式进行所有可能原因的分析。

分析故障原因一般从以下两方面开展：

1）导致产品故障的产品自身的物理、化学或其他变化过程等的直接原因；

2）由于其他产品的故障、环境因素或人为因素等引起的间接故障原因。

（3）故障影响分析

故障影响主要包括约定层次的划分、严酷度定义和发生可能性。

①约定层次的划分

在开展 FMEA 时，首先应明确进行分析的范围，即规定 FMEA 从哪个层次开始到哪个层次结束。

约定层次主要分为初始约定层次、中间约定层次和最低约定层次。其中初始约定层次为最高层次，它是 FMEA 最终影响的对象。中间约定层次为按产品的组成或功能关系所在的中间功能层次或结构层次。最低约定层次为最底层的产品所在的层次，它决定了 FMEA 工作深入、细致的程度。对固体发动机而言，通常认为初始约定层次为导弹或火箭，中间约定层次为发动机，最低约定层次为部组件。

故障影响中，局部影响为故障对最低约定层次的影响，高一级影响是故障对中间约定层次的影响，最终影响为故障对初始约定层次的影响。

②严酷度定义

在进行 FMEA 之前，应根据故障模式最终可能出现的人员伤亡、系统损坏、系统功能丧失、任务失败等因素对故障模式的严酷度类别进行定义。

根据 QJ 3050《航天产品故障模式、影响及危害性分析指南》的要求，发动机的严酷度分为下列四种：

1）Ⅰ类——灾难性的，这类故障导致人员死亡或导弹武器系统毁坏。

2）Ⅱ类——严重的，这类故障导致人员严重受伤、系统功能丧失、任务失败。

3）Ⅲ类——一般的，这类故障导致人员轻度受伤、系统性能下降、任务推迟。

4）Ⅳ类——次要的，这类故障导致轻于Ⅲ类的故障后果，最多可导致计划以外的维修。

③发生可能性

根据 QJ 3050《航天产品故障模式、影响及危害性分析指南》的要求，结合固体发动机特点，发动机各故障模式发生可能性分为以下五级：

1）A——经常发生。

2）B——较常发生。

3）C——偶然发生。

4）D——很少发生。

5）E——极少发生。

（4）故障检测方法分析

针对经分析所得的每一个故障模式，确定故障模式的检测方法，以便为系统的维修性、测试性设计与系统维修性工作提供依据。

（5）防止措施

针对经分析所得的每一个故障模式，确定产品在设计、生产、检验等过程可以采取的防止措施，尽量消除或降低故障可能性。

9.3.2　发动机故障树分析（FTA）

故障树分析是以故障为导向对产品自上而下进行分析的一种方法，是对产品的可靠性和安全性进行分析的工具之一。

故障树是指用来表明产品哪些组成部分的故障或外界事件或它们的组合将导致产品发生给定故障的逻辑图，构图的元素是事件和事件之间的逻辑关系（逻辑门），图中的事件用来描述系统和零部组件故障的状态，逻辑门把事件联系起来，表示事件之间的逻辑关系。

故障树分析中常用符号[6-7]详见表 9 - 1。

表 9 - 1　故障树分析中常用符号

	符号名称		定义
事件:分析中各种故障状态或不正常状态称为故障事件	底事件:仅导致其他事件的原因事件	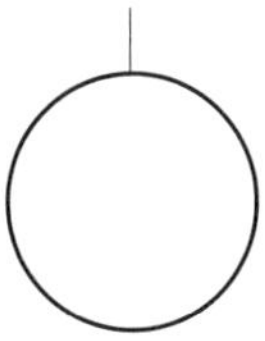 基本事件	分析中无须探明其发生原因的底事件
		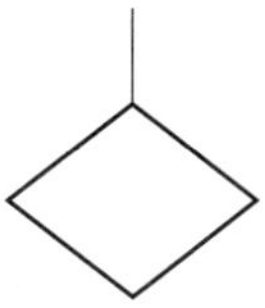 未探明事件	原则上应进一步探明其原因但暂时不必或不能探明其原因的底事件
	结果事件:由其他事件或事件组合所导致的事件	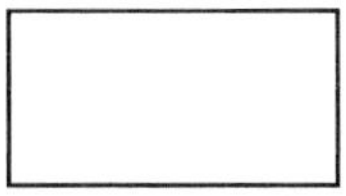 结果事件	顶事件:分析中所关心的最后结果事件 中间事件:是位于底事件和顶事件之间的结果事件
	特殊事件:需要特殊符号表明其特殊性或引起注意的事件	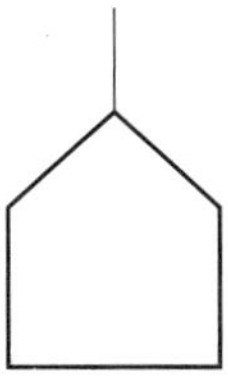 开关事件	已经发生或者必将要发生的特殊事件
		 条件事件	描述逻辑门起作用的具体限制的特殊事件

续表

	符号名称	定义
逻辑门:分析中逻辑门只描述事件间的因果关系	与门:仅当所有输入事件发生时,输出事件才发生	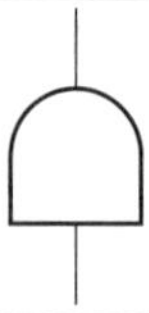
	或门:至少一个输入事件发生时,输出事件就发生	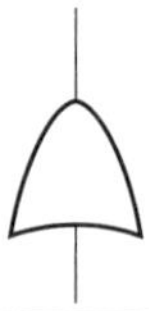
	非门:输出事件是输入事件的逆事件	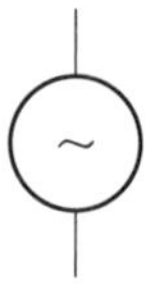 ～
	顺序与门:仅当输入事件按规定的顺序发生时,输出事件才发生	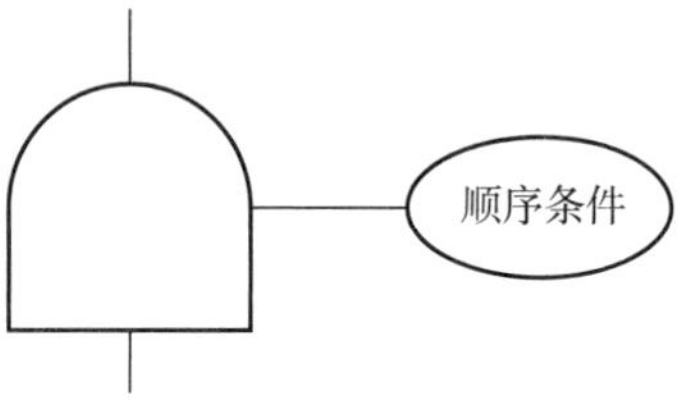 顺序条件
	表决门:仅当 n 个输入事件中有 r 个或 r 个以上的事件发生时,输出事件才发生($1 \leqslant r \leqslant n$)	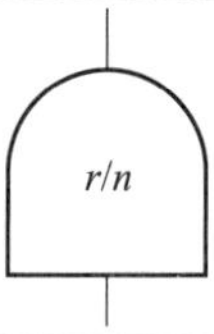 r/n
	异或门:仅当单个输入事件发生时,输出事件才发生	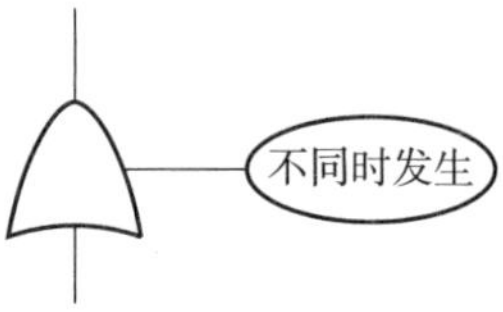 不同时发生
	禁门:仅当禁门打开条件事件发生时,输入事件的发生才导致输出事件的发生	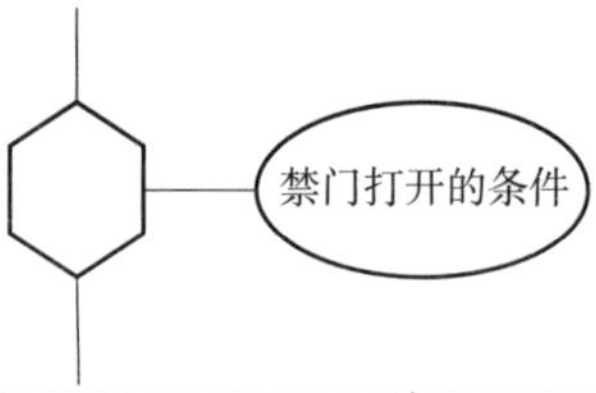 禁门打开的条件

　　故障树的建立是一个反复深入、逐步完善的过程，通常应该在发动机早期设计阶段开始，随着设计的进展和对失效模式的不断深入理解，故障树随之增大。

　　建立故障树时应注意以下事项：

　　1）应明确故障树的边界条件，简化故障树。对产品进行必要的合理假设，如不考虑人为的故障等。

　　2）应从上向下逐级建立故障树。一个庞大的故障树，下级输入树可能很多，因此逐级建树可避免遗漏。

3）建立故障树时，不允许门与门直接相连。门与门直接相连时的故障树评审者无法判断对错。

在建立发动机的故障树后，可进行故障树定性分析和定量分析。

故障树定性分析的目的是寻找导致顶事件发生的原因事件及原因事件的组合。因此故障树的定性分析主要是找出故障树中所有导致顶事件发生的最小割集。

如有足够的数据能够估计出或已给定故障树各底事件的发生概率，可对故障树进行定量分析。固体发动机目前暂无各底事件的足够数据，因此通常不进行故障树定量分析。

9.3.3　发动机可靠性设计准则

可靠性设计是以满足用户的可靠性需求为目标，在设计过程中系统考虑各类影响产品可靠性的因素，对设计方案进行分析、评价、再设计的方法，它是产品设计的有机组成部分，在研制的不同阶段通过与性能设计有效协调，共同完成产品的设计任务。

可靠性设计准则是把已有的、相似产品的工程经验条理化、系统化、科学化地总结起来，成为设计师进行可靠性设计遵循的准则。通过制定并执行可靠性设计准则，把有助于保证和提供产品可靠性的一系列要求设计到产品中。

发动机可靠性设计准则的制定是一个不断积累、总结、补充完善的过程。在发动机研制、试验的过程中出现的故障要通过故障树等方法认真分析原因，并将采取的有效措施加以提炼，补充到可靠性设计准则中，从而形成制定→实施→补充修改→再实施的正向循环。

根据技术特点，发动机的可靠性设计准则包括继承性设计、简化设计、冗余设计、热防护设计、防差错设计、长期贮存可靠性设计、裕度设计、降额设计、绝缘及耐烧蚀设计、密封设计等。

（1）继承性设计

不同型号固体发动机尽管尺寸规模稍有不同，但其设计方法、材料选用等基本相同，因此在对发动机进行设计时，应尽可能继承相似型号的设计情况，以提高发动机的可靠性水平。

发动机继承性设计应遵循以下准则：

1）发动机设计时应尽可能继承成熟技术，选用成熟可靠的货架产品。

2）应严格控制不成熟设计项目的数量和比例。采取新技术、新工艺、新材料、新设备、新器件等必须经过充分论证（分析、验证）和评审。

3）最大限度采用各类标准。

（2）简化设计

简化设计就是发动机在设计时，在满足技术要求的前提下尽量简化设计方案，尽量消除无功能的结构，尽量减少原材料、元器件、标准件等的品种和数量，零部组件采用简单而工艺性好的结构形式，连接部位采用易于装配、便于测试的结构形式，减少产品故障模式的数量，减少流程环节，减少人工操作，在保证性能要求的前提下达到最简化状态，以便于生产、装配等的一种设计措施。

发动机简化设计应遵循以下准则：

1）应在满足发动机功能要求的条件下，尽量减少原材料、元器件、标准件的品种、规格和数量。

2）零部组件应尽量采用工艺性好的结构形式，连接部位应采用易于装配、便于测试的结构。

3）应优先选用标准化程度较高的零部件、紧固件、连接件等。

（3）冗余设计

冗余技术是系统或设备获得高任务可靠性、高安全性的设计方法之一。冗余设计是针对同一个故障模式采取多重防范措施，只有当所有的防范措施均发生故障时，发动机才发生故障，可以采用相同单元冗余，也可以采用不同单元冗余。

在质量、体积和经费允许的情形下应进行冗余及容错设计，将一些故障模式发生的严酷度予以下降，以避免其变成单点故障模式，多脉冲固体发动机中可采用冗余设计的部位包括点火结构、密封结构和连接结构。

（4）热防护设计

固体发动机在工作过程中，一方面要壳体承受导弹在飞行过程中气动加热引起的温度变化，另一方面发动机喷管外可能有导弹的电子元器件，燃烧室内几千摄氏度以上的燃气从喷管喉部喷出后，热量会慢慢通过喷管结构向喷管外壁辐射，辐射后形成的温度场应不影响导弹该部位电子元器件的工作。因此，在发动机设计时应建立相应的温度场和流场模型，通过相关软件仿真计算发动机相关的情况，确保能够满足技术指标要求。

（5）防差错设计

在产品研制生产过程中，设计、工艺、操作、检验、管理等各个环节存在大量的人为因素，可能发生各种疏忽和差错。

根据各型号研制经验，在固体发动机研制过程中出现的差错一般分为设计差错和生产差错。设计差错一般是导致产品生产过程中差错不断发生或发生概率极大的根源，该差错往往是由设计人员的失误或是由于对发动机生产流程、工艺等了解不够，未全面考虑发动机的生产各环节而出现的差错。生产差错主要指在发动机生产过程中某一个或多个因素变化而引起的差错，如漏加工、缺件、装配错误等。

发动机防差错设计应遵循以下准则：

1）发动机设计时必须对照落实相关标准的要求。

2）发动机及各部组件完成方案设计、图纸等后必须按照相关行业要求完成多级审签；

3）发动机紧固件等应尽量选用标准件，且应尽量减少品种、规格和数量，对规格相同但用途不同的产品应通过颜色、标识等方式进行区分。

（6）长期贮存可靠性设计

推进剂及其他非金属材料应采取防老化措施，使产品寿命满足任务书要求。

容易发生化学变化的零件表面应采取表面防护措施，使其相关特性满足使用要求。

（7）裕度设计

发动机各部组件承载设计、密封设计、防热设计、机构动作设计、火工品装药设计、传爆序列能量传递和间隙设计等过程中应进行裕度设计，裕度设计应给出满足可靠性指标要求的设计安全系数，安全系数的计算方法应符合相关设计规范的要求。

（8）降额设计

发动机降额设计应遵循以下准则[3]：

1）采用比强度高、韧性好的材料，提高产品的承载能力。

2）采用环境防护和环境隔离措施，减小环境对产品的不利影响。

3）提高关键尺寸及关键参数的设计精度。

4）尽量采用等强度设计，消除应力集中。

（9）绝热及耐烧蚀设计

发动机绝热及耐烧蚀设计应遵循以下准则[3]：

1）发动机燃烧室绝热层应选择烧蚀率低、热导率低、密度小、易粘接的绝热材料，直接与燃气流接触的喷管非金属零件应选择抗热震性好、耐烧蚀、耐冲刷的材料，隔离装置的隔层应选择耐烧蚀、耐冲刷的材料。

2）设计燃烧室绝热层厚度要考虑推进剂组分、飞行过载、发动机工作状态等因素对绝热层烧蚀率的影响，使烧蚀可靠性满足使用要求。

3）设计喷管非金属零件及其连接结构要考虑材料之间的性能匹配、烧蚀匹配以及材料老化对烧蚀影响，确保喷管的可靠性。

（10）密封设计

发动机密封结构设计应综合考虑承载、温度环境、老化等方面因素，密封设计应遵循以下准则：

1）密封槽界面与密封件截面的面积比、密封件直径、密封槽尺寸精度及表面粗糙度等参数应满足相关规定要求。

2）密封件的压缩量及连接件的力矩应保证发动机工作过程中密封件的接触应力大于燃烧室工作压强。

3）密封结构形式应保证密封件装配到位，应具有可检测性。

9.4　发动机可靠性预计和分配

9.4.1　发动机可靠性模型

9.4.1.1　系统结构可靠性模型

可靠性模型是系统故障特征规律的数学描述，可靠性模型的种类繁多，用途各异，从不同的角度来看，有不同的分类[8]，可靠性模型主要包括串联系统模型、并联系统模型和混联系统模型。

（1）串联系统

组成系统的所有单元中，任一单元失效都会导致整个系统失效，这称为串联系统。串联系统的可靠性框图如图9-1所示。

图9-1　串联系统的可靠性框图

当可靠性单元之间相互独立时，其可靠度计算公式为

$$R = \prod_{i=1}^{n} R_i \tag{9-1}$$

（2）并联系统

组成系统的所有单元都失效时系统才失效的系统称为并联系统。并联系统的可靠性框图如图9-2所示。

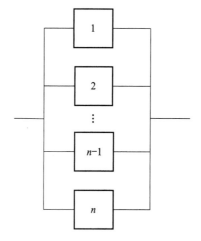

图9-2　并联系统的可靠性框图

当可靠性单元之间相互独立时，其可靠度计算公式为

$$R = 1 - \prod_{i=1}^{n} (1 - R_i) \tag{9-2}$$

（3）混联系统

混联系统是由串联和并联混合组成的系统。典型的混联系统为串并联系统和并串联系统，其可靠性框图如图9-3所示。

串并联系统的可靠度为

$$R = \prod_{j=1}^{n} \left[1 - \prod_{i=1}^{m_j} (1 - R_{ij}) \right] \tag{9-3}$$

并串联系统的可靠度为

$$R = 1 - \prod_{i=1}^{m} \left(1 - \prod_{j=1}^{n_i} R_{ij} \right) \tag{9-4}$$

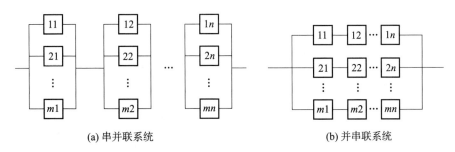

图 9-3　串并联和并串联系统的可靠性框图

9.4.1.2　固体多脉冲发动机可靠性模型

发动机的可靠性模型一般包括两个层次[3]。第一层次反映整机可靠性与部组件可靠性之间的关系，第二层次反映部组件可靠性与故障模式发动机概率之间的关系。

固体发动机第一层次的可靠性模型分为发动机的结构模型和功能模型，结构模型通常用于对发动机各部组件的可靠性要求，功能模型通常用于与发动机第二层次可靠性模型进行对应。

多脉冲发动机由多个脉冲燃烧室、多个点火装置、多个隔层或隔舱（统称为隔离装置）、一个喷管和一个壳体组成。因此，多脉冲发动机的第一层次可靠性结构模型为多脉冲点火装置、多脉冲燃烧室、多脉冲隔离装置、壳体、喷管、直属件等部组件的串联模型，可靠性结构框图如图 9-4 所示。

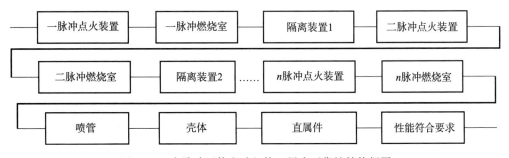

图 9-4　多脉冲固体发动机第一层次可靠性结构框图

在多脉冲发动机中通常会将多个脉冲燃烧室及隔离装置合并为燃烧室组件，将多个脉冲点火装置合并为点火装置组件，因此，其第一层次可靠性结构框图可简化为图 9-5。

图 9-5　多脉冲固体发动机合并简化后第一层次可靠性结构框图

固体发动机的故障模式主要包括[9]：1）点火不成功；2）发动机工作过程中有不允许的结构失效；3）发动机性能不符合要求。因此，多脉冲发动机的第一层次可靠性功能模型为发动机点火成功、结构未失效、性能符合要求等的串联模型，可靠性功能框图如

图 9-6 所示。

图 9-6　多脉冲固体发动机第一层次可靠性功能框图

多脉冲固体发动机第二层次可靠性模型为各可靠性单元的串联模型，其中点火成功可划分为不同脉冲点火成功可靠性单元，可靠性框图如图 9-7 所示，结构未失效结构可划分为壳体结构未失效、燃烧室未失效、隔离装置未失效、喷管结构未失效、密封未失效等可靠性单元，可靠性框图如图 9-8 所示。发动机性能符合要求指发动机总冲、工作时间等符合研制任务书中的要求。

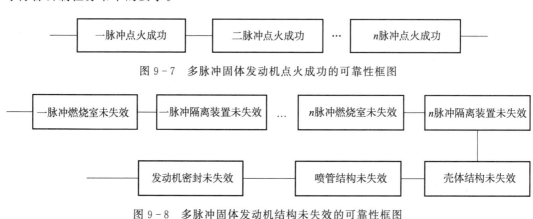

图 9-7　多脉冲固体发动机点火成功的可靠性框图

图 9-8　多脉冲固体发动机结构未失效的可靠性框图

多脉冲发动机两个层次的可靠性框图的连接关系为可靠性串联关系，其可靠性数学模型分别为

$$R = \prod_{i=1}^{m} R_i \tag{9-5}$$

$$R = \prod_{j=1}^{m_1} R_{1j} \times \prod_{j=1}^{m_2} R_{2j} \times \cdots \times \prod_{j=1}^{m_n} R_{nj} \tag{9-6}$$

式中，R 为发动机整机可靠性；R_i 为发动机第 i 个部件或组件可靠性；R_{ij} 为发动机第 i 个部件或组件的第 j 个故障模式的可靠性。

相较于传统的固体发动机而言，多脉冲发动机增加了不同脉冲点火成功、不同脉冲燃烧室结构未失效、隔离装置结构未失效等多个可靠性单元，由以上公式可见，多脉冲发动机的可靠性水平应略有降低。

例 9-1　某双脉冲发动机由一脉冲壳体、一脉冲燃烧室、一脉冲点火装置、二脉冲壳体、二脉冲燃烧室、二脉冲点火装置、隔层、喷管和直属件组成，请建立起第一层次和第二层次可靠性模型框图，并给出相应的可靠性数学模型。

解：根据工程实际情况，该双脉冲发动机的部组件可归纳为点火装置、壳体、燃烧室、喷管和直属件，发动机在发射、飞行过程的可靠性要求为各部组件的结构在发射飞行过程中不能发生不允许的变化，且发动机总冲满足指标要求，因此，其第一层次可靠性模型框图如图9-9所示。

图 9-9　某双脉冲发动机第一层次可靠性模型框图

该双脉冲发动机第一层次可靠性数学模型为

$$R = R_1 \times R_2 \times R_3 \times R_4 \times R_5 \tag{9-7}$$

式中，R 为发动机整机可靠性；R_1 为点火装置组件可靠性；R_2 为壳体可靠性；R_3 为燃烧室组件可靠性；R_4 为喷管可靠性；R_5 为发动机直属件可靠性。

经分析，该发动机点火装置的Ⅰ、Ⅱ类故障模式为点火装置中一、二脉冲电发火管不正常发火，壳体的Ⅰ、Ⅱ类故障模式为壳体破裂，燃烧室的Ⅰ、Ⅱ类故障模式为绝热结构烧穿、一脉冲药柱结构破裂、二脉冲药柱结构破裂、一脉冲工作时隔离装置破裂，喷管的Ⅰ、Ⅱ类故障模式为喷管结构破裂、喷管烧穿，直属件的Ⅰ、Ⅱ类故障模式为密封结构失效，发动机性能的Ⅰ、Ⅱ类故障模式为总冲不满足任务书要求。因此，其第二层次可靠性模型框图如图9-10所示。

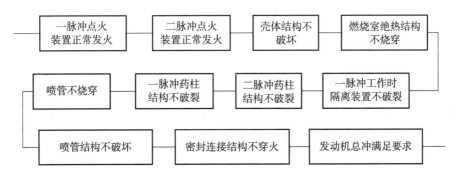

图 9-10　某双脉冲发动机第二层次可靠性模型框图

该双脉冲发动机第二层次可靠性数学模型为

$$R = R_{11} \times R_{12} \times R_2 \times R_{31} \times R_{32} \times R_{33} \times R_{34} \times R_{41} \times R_{42} \times R_5 \times R_6$$

式中，R 为发动机整机可靠性；R_{11}，R_{12} 分别为点火装置组件一、二脉冲电发火管正常发火可靠性；R_2 为壳体结构不破坏可靠性；R_{31}，R_{32}，R_{33}，R_{34} 分别为燃烧室组件中绝热结构不烧穿、一脉冲药柱结构不破裂、二脉冲药柱结构不破裂、一脉冲工作时隔离装置不破裂的可靠性；R_{41}，R_{42} 分别为喷管结构不破裂、喷管不烧穿的可靠性；R_5 为发动机直属件中密封结构不穿火的可靠性；R_6 为发动机总冲满足要求的可靠性。

9.4.2　发动机可靠性预计

9.4.2.1　发动机可靠性预计目的

可靠性预计是在设计阶段对系统可靠性进行定量的估计，是根据历史的产品可靠性数据、系统的构成和结构特点、工作环境等因素估计组成系统的零部组件及系统的可靠性[4]。可靠性预计是根据系统的组成自下而上、从局部到整体、由小到大的综合过程。固体发动机的可靠性预计是从发动机各部组件的可靠性单元开始、至各部组件整体的可靠性、最后预计发动机整机可靠性的过程。在对固体发动机进行可靠性预计时，必须要有效利用相似型号以往的经验、故障数据、应力波动和强度波动等信息。

可靠性预计的目的是：

1）评价发动机的设计方案能否满足设计任务书要求的可靠性指标。

2）比较不同方案的可靠性水平，为最优方案的选择或方案的优化提供依据。

3）找出发动机设计的薄弱环节，提出设计改进措施。

4）为可靠性验证试验、可靠性增长试验提供依据。

5）为发动机可靠性分配奠定基础。

在方案阶段和工程研制阶段初期，可采用相似法进行预计，粗略估计产品可能达到的可靠性水平，评价发动机方案的可靠性。在工程研制阶段后期，获得了产品各个故障模式、部组件、发动机整机的可靠性信息后，应进行详细预计，给出各个预计对象的可靠性定量预计结果。

9.4.2.2　发动机可靠性预计方法

固体发动机通常根据各可靠性单元与部组件、发动机的关系，建立数学模型，通过对各可靠性单元可靠性的预计计算，自下而上预计发动机及各部组件的可靠性。

根据相关规定[3]，对固体发动机进行预计时可仅考虑对发动机及火箭系统影响较大的可靠性单元，按照相应的逻辑关系建立可靠性框图，通常发动机中的非串联部分（如点火器、电发火管等）可单独计算，然后将其简化为一个等效单元，最终发动机系统简化为一个串联模型。

发动机中的各可靠性单元一般为成败型、应力-强度型，其可靠性预计方法如下。

（1）成败型可靠性单元预计方法

如果产品的试验结果只取成功与失败两种对立状态，且每次试验结果都相互独立，这样的产品称为成败型产品，如发动机的电发火管。

设成败型产品的试验子样数为 n_c，失败子样数为 F_c，则该产品的可靠性预计值为

$$\hat{R} = \frac{n_c - F_c}{n_c} \tag{9-8}$$

（2）应力-强度型可靠性单元预计方法

应力一般指对产品功能有影响的各种外界因素，固体发动机中的应力通常有压强、温度、变形、烧蚀厚度等，强度一般指产品承受应力的能力。应力-强度模型一般指作用在产品上的应力和产品自身材料性能强度均为服从一定分布规律的随机变量，通过统计方法计算强度大于应力概率的模型，发动机中大多数故障模式的可靠性单元都为应力-强度型，比如壳体结构不破坏、绝热结构不烧穿等。

通常，在多脉冲固体发动机中应力-强度型可靠性单元中其应力和强度都符合正态分

布，假定应力和强度分别服从以下分布

$$x_y \sim N(\mu_y, \sigma_y^2), \ x_q \sim N(\mu_q, \sigma_q^2) \tag{9-9}$$

则其可靠性定义为

$$R = P(x_y > x_q) = P(X > 0) \tag{9-10}$$

显然，$X \sim N(\mu_x, \sigma_x^2)$，$\mu_x = \mu_q - \mu_y$，$\sigma_x^2 = \sigma_q^2 + \sigma_y^2$。

其可靠性预计值为

$$R = \Phi\left(\frac{\overline{x_q} - \overline{x_y}}{\sqrt{s_y^2 + s_q^2}}\right) \tag{9-11}$$

其中，定义可靠性系数

$$k = \frac{\overline{x_q} - \overline{x_y}}{\sqrt{s_y^2 + s_q^2}}$$

为与固体发动机工程结合，则可靠性系数可转换为

$$k = \frac{\overline{x_q} - \overline{x_y}}{\sqrt{s_y^2 + s_q^2}} = \frac{\dfrac{\overline{x_q}}{\overline{x_y}} - 1}{\sqrt{\dfrac{s_y^2}{\overline{x_y^2}} + \dfrac{s_q^2}{\overline{x_q^2}} \times \dfrac{\overline{x_q^2}}{\overline{x_y^2}}}} = \frac{f - 1}{\sqrt{n_y^2 + n_q^2 \times f^2}} \tag{9-12}$$

式中，f 为安全系数；n_y 为应力的变异系数；n_q 为强度的变异系数。

例 9 - 2　某双脉冲固体发动机由一脉冲壳体、一脉冲燃烧室、一脉冲点火装置、二脉冲壳体、二脉冲燃烧室、二脉冲点火装置、隔层、喷管和直属件组成，经分析其 Ⅰ、Ⅱ 类故障模式及相应的设计保证措施见表 9 - 2，结合工程实际情况，对该发动机进行可靠性预计。

表 9 - 2　某双脉冲固体发动机 Ⅰ、Ⅱ 类故障模式及相应的设计保证措施

序号	Ⅰ、Ⅱ类故障模式	设计保证措施	序号	Ⅰ、Ⅱ类故障模式	设计保证措施
1	一、二脉冲电发火管发火不正常	双路并联，两路为同一产品，共完成 500 次试验，失败 10 次	6	一脉冲工作时隔离装置破裂	非金属材料，设计安全系数为 1.9
2	壳体结构破裂	金属材料，设计安全系数为 1.35	7	喷管绝热结构烧穿	非金属材料，设计安全系数为 5
3	燃烧室绝热结构烧穿	非金属材料，设计安全系数为 1.85	8	喷管结构破坏	金属材料，设计安全系数为 1.8
4	一脉冲药柱结构破裂	非金属材料，设计安全系数为 3	9	密封结构穿火	非金属材料，发动机中共有 3 处密封，设计安全系数分别为 1.45,1.48,1.5
5	二脉冲药柱结构破裂	非金属材料，设计安全系数为 2.95	10	总冲不满足要求	设计安全系数为 1.05

解：根据工程实际情况，该双脉冲发动机的各可靠性单元的预计情况见表 9 - 3。

根据式（9 - 6）计算得到发动机整机的可靠性预计值为 0.999 959 5。

表 9-3　各可靠性单元的预计情况

成败型可靠性单元

序号	可靠性单元	试验数	失败数	单路可靠性预计值	双路可靠性预计值
1	一脉冲电发火管正常发火	500	2	0.996	0.999 984
2	二脉冲电发火管正常发火	500	2	0.996	0.999 984

应力-强度型可靠性单元

序号	可靠性单元	说明	安全系数	应力变异系数	强度变异系数	可靠性系数	可靠性预计值
3	壳体结构不破裂	应力为发动机最大工作压强，强度为壳体爆破压强	1.35	0.03	0.05	4.738 28	0.999 998 922 3
4	燃烧室绝热结构不烧穿	应力为发动机绝热层烧蚀量，强度为绝热层设计厚度	1.85	0.15	0	5.666 67	0.999 999 992 7
5	一脉冲药柱结构不破裂	应力为药柱最大 Von Mises 应变，强度为药柱延伸率	3	0.1	0.12	5.352 88	0.999 999 956 7
6	二脉冲药柱结构不破裂	应力为药柱最大 Von Mises 应变，强度为药柱延伸率	2.95	0.1	0.12	5.301 03	0.999 999 942 4
7	一脉冲工作时隔离装置不破裂	应力为一脉冲工作时隔离装置烧蚀量，强度为隔离装置设计厚度	1.9	0.08	0.1	4.365 64	0.999 993 662 5
8	喷管绝热结构不烧穿	应力为喷管各部位烧蚀量，强度为喷管各部位的绝热设计厚度	5	0.08	0.1	7.899 53	0.999 999 999
9	喷管结构不破坏	应力为发动机最大工作压强，强度为喷管金属件强度下限	1.8	0.03	0.08	5.438 78	0.999 999 973
10	密封结构不穿火	应力为密封圈临界压缩量，强度为密封圈实际压缩量下限	1.45	0	0.055	5.642 63	0.999 999 991 6
11			1.48	0	0.055	5.896 81	0.999 999 998 1
12			1.5	0	0.055	6.060 61	0.999 999 9993
13	总冲满足要求	应力为任务书指标要求，强度为发动机设计值	1.05	0	0.01	4.761 90	0.999 999 04

9.4.3　发动机可靠性分配

可靠性分配是将产品研制任务书或合同中规定的可靠性指标，自上而下、从整体到局部，逐步分解。对多脉冲发动机而言，就是将总体要求的可靠性指标分配到发动机各部组件中，并通过任务书明确。

可靠性分配的目的是使各级设计师明确其可靠性要求，通过相应的设计、试验等措施，实现这些可靠性要求，确保系统整体的可靠性。

可靠性分配应考虑以下原则[10]：

1）技术水平。对技术成熟的单元，能够保证实现较高的可靠性，或预期投入使用时可靠性有把握增长到较高水平，则可分配较高的可靠度。

2）复杂程度。对较简单的单元，组成该单元零部组件数量少，组装容易保证质量或故障后易于修复，则可分配较高的可靠度。

3）重要程度。对重要的单元，该单元失效将产生严重的后果，或该单元失效常会导致全系统失效，则应分配较高的可靠度。

4）任务情况。对于整个任务时间内工作条件严酷，难以保证很高可靠性的单元，应分配较低的可靠度。

可靠性分配的具体方法很多，可分为等分配法、综合评分分配法、相似产品法、考虑重要度和复杂度分配法、再分配法等[4]。

1）等分配法认为各可靠性单元的可靠性水平均相同，将其可靠度取成一样。

2）综合评分分配法是按以往积累起来的经验对各单元考虑主要因素综合评分，根据各单元得分多少分配相应的可靠度。

3）相似产品法是当新设计的产品与老产品非常相似时，按老产品中各单元的可靠度对新产品提出新的可靠度；

4）考虑重要度和复杂度分配法是根据各单元的复杂程度和在系统中的重要程度进行可靠度分配，复杂的系统分配的可靠度较低。

5）再分配法指已知系统各单元的可靠度，进而对各单元进行可靠度再分配以满足总可靠度要求。

不论采取什么方法进行可靠性分配，都应满足下式

$$f(R_1,R_2,\cdots,R_n) \geqslant R \qquad\qquad (9-13)$$

式中，R 为系统要求的可靠度指标；R_i 为第 i 个单元分配的可靠度；f 为单元和系统之间的函数关系。

对于固体发动机而言，通常采用综合评分分配法、相似产品法、再分配法进行可靠性分配。任务书指标一般是验收的可靠性下限指标，与设计目标值不同，在可靠性分配时应适当留有余量，确定发动机的设计目标值，以便在产品局部改进设计时，不必重新进行分配，对发动机的可靠性指标进行分配时应将可靠性定量要求分配到各部组件层次。

例 9 - 3　某双脉冲发动机，导弹总体任务书中对发动机的可靠性要求为 0.98（置信度为 0.7），请结合发动机设计情况及相似发动机试验情况，将可靠性指标分配到发动机各部组件。

解： 结合发动机设计情况及相似发动机试验情况，各部组件的可靠度要求见表 9 - 4。

表 9 - 4　发动机各部组件可靠度分配结果

部组件	可靠度
点火装置	0.999 9
壳体	0.996
燃烧室	0.993
喷管	0.997
直属件	0.999 5
发动机性能	0.995
发动机整机	0.98

9.5　发动机可靠性评定

发动机的可靠性评定是根据发动机建立的可靠性模型和相应的试验数据，通过相应的数理统计方法给出发动机可靠性的点估计和区间估计，其中发动机可靠性的区间估计常和置信度在一起，说明了估计值的精确性，并反映了估计值的可信程度，通常发动机可靠性的区间估计为可靠性下限值。

对固体发动机而言，通过全尺寸发动机的地面试验和飞行试验进行可靠性评定其成本太高且周期太长，因此结合发动机特点，通常采用发动机零部组件试验和发动机整机小子样试验数据结合的方法来对发动机的可靠性进行评定。该方法的主要思想为根据发动机中各零件的大量基础可靠性数据，结合组件的少量试验，将零件的试验信息折合上来，对组件的可靠性进行评定，按此方法逐级折算到发动机整机层次，进而对发动机的可靠性进行评定。本方法的核心是将发动机各部组件的单元试验数据折算为发动机及部组件的等效可靠性试验数。

发动机中的各可靠性单元其分布一般为成败型、应力-强度型等，下文将给出各类型可靠性单元的可靠性评定方法及折算等效试验数方法。

9.5.1　单元可靠性评定

9.5.1.1　成败型可靠性单元可靠性评定

如果产品的试验结果只取成功与失败两种对立状态，且每次试验结果都相互独立，这样的产品称为成败型产品，如发动机的电发火管，通常采用本节内容对其进行可靠性评定。

设成败型产品的试验子样数为 n_c，失败次数为 F_c，置信水平为 α，则该产品可靠度的点估计值为

$$\hat{R} = \frac{n_c - F_c}{n_c} \tag{9-14}$$

可靠性下限为

$$R_L = \beta_{1-\alpha}(n_c - r_c, \alpha + 1) \tag{9-15}$$

式中，$\beta_{1-\alpha}(n_c - \alpha, \alpha + 1)$ 为 Beta 分布的分位点。

当 $F_c = 0$ 时，式（9-15）可简化为

$$R_L = (1 - \alpha)^{\frac{1}{n_c}} \tag{9-16}$$

9.5.1.2　应力-强度可靠性单元可靠性评定

在对固体发动机的可靠性进行评定时，需先对发动机第二层次的各个故障模式进行评定。通常认为发动机中大部分的故障模式服从应力-强度模型，且应力和强度一般服从正态分布。

假定应力-强度模型中，应力和强度分别服从以下分布

$$x_y \sim N(\mu_y, \sigma_y^2)，x_q \sim N(\mu_q, \sigma_q^2) \tag{9-17}$$

则其可靠性定义为

$$R = P(x_y > x_q) = P(X > 0) \tag{9-18}$$

显然，$X \sim N(\mu_x, \sigma_x^2)$，$\mu_x = \mu_q - \mu_y$，$\sigma_x^2 = \sigma_q^2 + \sigma_y^2$。

工程中，μ_y，σ_y 和 μ_q，σ_q 都是未知的，只能根据相应的试验子样参数 $\overline{x_y}$，s_y，$\overline{x_q}$，s_q 代替，则其可靠性点估值为

$$R = \Phi\left(\frac{\overline{x_q} - \overline{x_y}}{\sqrt{s_y^2 + s_q^2}}\right) \tag{9-19}$$

假设通过 q 个强度样本和 y 个应力样本，得到试验的 $\overline{x_y}$，s_y，$\overline{x_q}$，s_q。其可靠性评定时，一般更关注可靠性下限，通过 Satterthwaite 近似法求解。

① 计算 $\overline{X}$ 和 $s_{\overline{X}}^2$

$$\overline{X} = \overline{x_q} - \overline{x_y} \tag{9-20}$$

$$s_{\overline{X}}^2 = s_y^2 + s_q^2 \tag{9-21}$$

② 计算综合试验数 n_z

$$n_z = \frac{(\sigma_y^2 + \sigma_q^2)^2}{\dfrac{\sigma_y^4}{y-1} + \dfrac{\sigma_q^4}{q-1}} + 1 \approx \frac{(s_y^2 + s_q^2)^2}{\dfrac{s_y^4}{y-1} + \dfrac{s_q^4}{q-1}} + 1 \tag{9-22}$$

当 $q = y = n$ 时

$$n_z \approx \frac{(n-1)(s_y^2 + s_q^2)^2}{(s_y^4 + s_q^4)} + 1 \tag{9-23}$$

③ 折合试验数 n

当 $q = y$ 时　　　　　　　　　　　　　$n = q = y$

当 $q \neq y$ 时

$$n \approx \frac{s_y^2 + s_q^2}{\dfrac{s_y^2}{y} + \dfrac{s_q^2}{q}} \qquad (9-24)$$

④ 计算 K 和 K'

$$K = \frac{\overline{X}}{s_{\overline{X}}} \qquad (9-25)$$

$$K' = K\sqrt{\frac{n}{n_z}} \qquad (9-26)$$

查单侧统计允许限系数表中置信度 γ 下，不同 R'_L 和 n_z 的值，使其与 K' 相等，得到相应的 R'_L，则其可靠性下限为

$$R_L = \Phi\left(\sqrt{\frac{n_z}{n}}\,\Phi^{-1}(R'_L)\right) \qquad (9-27)$$

9.5.2 单元等效试验数折算方法

9.5.2.1 正态分布型可靠性单元等效试验数折算

已知某应力-强度可靠性单元的试验数据符合正态分布，其点估计值为 $\hat{R}$、可靠度单侧置信下限为 R_L，则其对应的等效试验数 n 和等效失败数 F 计算方法为

$$s = n \times \hat{R} \qquad (9-28)$$

$$\frac{\displaystyle\int_0^{R_L} x^{s-1}(1-x)^{n-s}\,\mathrm{d}x}{\displaystyle\int_0^1 x^{s-1}(1-x)^{n-s}\,\mathrm{d}x} = 1 - \alpha \qquad (9-29)$$

式中，s 为等效成功数，$s = n - F$。

当置信度 $1 - \alpha \geqslant 0.5$ 且 $0.5 < \hat{R} < 1$ 时，上述联立方程式有唯一解。

鉴于上述联立方程式计算过于复杂，可利用二项分布可靠度单侧制定下限数表或相应的算法，联立计算等效试验数和等效失败数，具体计算方法为

$$F = n \times (1 - \hat{R}) \qquad (9-30)$$

$$R_L(1-\alpha, n, F) = R_L(1-\alpha) \qquad (9-31)$$

例 9-4 某双脉冲发动机中绝热层不烧穿的可靠性中，该可靠性单元为应力-强度型，应力为绝热层烧蚀量，强度为绝热层实测厚度，其应力和强度均服从正态分布，经计算该单元的点估计值为 0.999 5，其在 0.8 置信度下的可靠性下限为 0.999，求其折算等效试验数和等效成功数。

解：根据式（9-30），其等效试验数和等效失败数满足以下关系

$$F = n \times (1 - 0.999\ 5) = 0.000\ 5n$$

当等效试验数取不同值时，其等效失败数和相应的二项分布单侧置信下限情况见表 9-5。

表 9 - 5　等效数据折算表

序号	等效试验数	等效失败数	0.8 置信度下可靠性下限
1	100	0.05	0.983 3
2	500	0.25	0.996 1
3	1 000	0.5	0.997 7
4	2 000	1	0.998 5
5	3 000	1.5	0.998 8
6	4 738	2.37	0.999 0

由上表可得当等效试验数为 4 738、等效失败数为 2.37 时，其二项分布单侧置信下限为 0.999，与该单元的可靠性下限相等。

因此，本可靠性单元的等效试验数为 4 738、等效失败数为 2.37。

9.5.2.2　并联成败型可靠性单元等效试验数折算

当系统由 $m(m \geqslant 2)$ 个独立的成败型单元并联而成时，已知每个单元成败试验数为 $(n_1、F_1)$，$(n_2、F_2)$，…，$(n_m、F_m)$，求整个系统的等效试验数 $(n，F)$。

已知成败型可靠性单元的试验数时，系统可靠度的点估计值为

$$\hat{R} = 1 - \prod_{i=1}^{m}(1 - \hat{R}_i) = 1 - \prod_{i=1}^{m} \frac{F_i}{n_i} \tag{9-32}$$

等效试验数为

$$n = \frac{\hat{R}}{\prod_{i=1}^{m}\left(\dfrac{F_i}{n_i} + \dfrac{s_i}{n_i^2}\right) - (1 - \hat{R})} \tag{9-33}$$

式中，s_i 为各可靠性单元的成功数，$s_i = n_i - F_i$。

等效失败数为

$$F = n \times (1 - \hat{R}) \tag{9-34}$$

例 9 - 5　某双脉冲发动机一脉冲点火装置中两个电发火管并联，两个电发火管为同一产品，该产品曾共完成 500 次试验，其中失败了 10 次，求该系统的等效试验数和等效失败数。

解：系统的可靠度点估计值为

$$\hat{R} = 1 - \prod_{i=1}^{m} \frac{F_i}{n_i} = 1 - \left(\frac{10}{500}\right)^2 = 0.999\ 6$$

根据式（9-33），其等效试验数为

$$n = \frac{\hat{R}}{\prod_{i=1}^{m}\left(\dfrac{F_i}{n_i} + \dfrac{s_i}{n_i^2}\right) - (1 - \hat{R})} = \frac{0.999\ 6}{\left(\dfrac{10}{500} + \dfrac{500 - 10}{500^2}\right)^2 - (1 - 0.999\ 6)} = 12\ 154.4$$

根据式 (9 - 34)，其等效失败数为

$$F = n \times (1 - \hat{R}) = 12\ 154.4 \times (1 - 0.999\ 6) = 4.86$$

9.5.2.3　串联成败型可靠性单元等效试验数折算

当系统由 $m(m \geqslant 2)$ 个独立的成败型单元串联而成时，已知每个单元成败试验数为 $(n_1、F_1)，(n_2、F_2)，\cdots，(n_m、F_m)$，求整个系统的等效试验数 $(n，F)$。

根据 L - M 方法，系统的等效试验数为

$$n = \min(n_1, n_2, \cdots, n_m) \tag{9 - 35}$$

系统的点估计值为

$$\hat{R} = \prod_{i=1}^{m} \frac{n_i - F_i}{n_i} \tag{9 - 36}$$

其等效失败数为

$$F = n \times (1 - \hat{R}) = n \times (1 - \prod_{i=1}^{m} \frac{n_i - F_i}{n_i}) \tag{9 - 37}$$

9.5.3　发动机整机可靠性评定

当多脉冲发动机整机完成的地面试验和飞行试验总数相对较多，通过成败型评定方法可以满足总体要求时，建议采用成败型方法进行可靠性评定，评定方法见式（9 - 15）或式（9 - 16）。

然而为降低项目研制成本，多脉冲发动机的整机试验数量较少，通过成败型评定方法计算的结果难以满足总体要求，因此针对发动机特点，QJ 3231—2005《固体火箭发动机可靠性评定》中规定，发动机的整机可靠性与其各故障模式有着直接的关系。根据前文的介绍，发动机的整机可靠性可通过其各Ⅰ、Ⅱ类故障模式的串并联进行评定，而这些故障模式相对应可靠性单元的可靠性数据均是通过单项试验或发动机地面试验等获得的，通过相关方法将各可靠性单元的可靠性数据转换为等效可靠性试验数据，这些数据作为发动机整机可靠性评定时的验前信息，发动机参加的飞行试验数作为验后信息，验前信息和验后信息累计为发动机综合试验数，通过发动机综合试验数对发动机可靠性进行评定。

因此，多脉冲发动机整机的可靠性评定过程如下：

1) 建立多脉冲发动机的系统可靠性模型，模型以串联可靠性单元为主，可能包含少数的并联可靠性单元。这样，可将发动机的整机系统可靠性转换为各串联可靠性单元的可靠性。

2) 分别计算多脉冲发动机中各成败型可靠性单元和应力-强度型可靠性单元的点估计值和相应置信度下的可靠性下限值，具体计算方法见 9.5.1 节。

3) 根据正态分布可靠性单元和并联成败型可靠性单元的等效试验数折算方法，分别计算多脉冲发动机中各可靠性单元的等效试验数 n_d 和等效失败数 F_d，具体折算方法见 9.5.2 节。

4) 根据串联成败型可靠性单元的等效试验数折算方法，计算多脉冲发动机整机的等

效试验数和等效失败数，具体计算方法见式（9-35）、式（9-36）、式（9-37）。

5）计算发动机综合试验数和综合失败数，发动机综合试验数＝等效试验数＋飞行试验数，发动机综合失败数＝等效失败数＋飞行失败数。

6）通过成败型可靠性单元可靠性评定方法，计算相应置信度下多脉冲发动机的可靠性下限。

例 9-6　某双脉冲固体发动机由一脉冲壳体、一脉冲燃烧室、一脉冲点火装置、二脉冲壳体、二脉冲燃烧室、二脉冲点火装置、隔层、喷管和直属件组成，其可靠性单元见例9-1，发动机共完成 4 次地面试验和 5 次飞行试验，根据试验结果发动机各可靠性单元的安全系数、应力变异系数、强度变异系数及试验数据见表9-6，评定该发动机 0.7 置信度下的可靠性下限。

表 9-6　某双脉冲固体发动机可靠性单元及试验情况

成败型可靠性单元			
序号	可靠性单元	试验数	失败数
1	一脉冲电发火管正常发火	500	2
2	二脉冲电发火管正常发火	500	2

应力-强度型可靠性单元						
序号	可靠性单元	说明	应力试验次数	应力变异系数	强度试验次数	强度变异系数	安全系数
3	壳体结构不破裂	应力为发动机最大工作压强，强度为壳体爆破压强	4	0.023	3	0.025 5	1.21
4	燃烧室绝热结构不烧穿	应力为发动机绝热层烧蚀量，强度为绝热层实测厚度	4	0.13	3	0.031	1.88
5	一脉冲药柱结构不破裂	应力为药柱最大 Von Mises 应变,强度为药柱延伸率	4	0.03	4	0.115	3.03
6	二脉冲药柱结构不破裂	应力为药柱最大 Von Mises 应变,强度为药柱延伸率	4	0.03	4	0.118	2.97
7	一脉冲工作时隔离装置不破裂	应力为一脉冲工作时隔离装置烧蚀量,强度为隔离装置实测厚度	4	0.078	4	0.098	1.93
8	喷管绝热结构不烧穿	应力为喷管各部位烧蚀量,强度为喷管各部位的绝热实测厚度	3	0.077	3	0.095	5.3
9	喷管结构不破坏	应力为发动机最大工作压强，强度为喷管金属件强度下限	4	0.027	4	0.078	1.81
10	密封结构不穿火	应力为密封圈临界压缩量,强度为密封圈实际压缩量下限	4	0	4	0.053	1.45
11			4	0	4	0.053	1.48
12			4	0	4	0.053	1.5
13	总冲满足要求	应力为任务书指标要求,强度为发动机设计值	4	0	4	0.009 8	1.05

解：1）分别计算各可靠性单元的可靠性预计值和可靠性下限。

表 9-6 中序号 1 和序号 2 可靠性单元的可靠性预计值和可靠性下限计算方法见式 (9-14) 和式 (9-15)，表 9-6 中序号 3 至序号 13 可靠性单元的可靠性预计值计算方法见式 (9-19)，应力和强度折合试验数计算方法见式 (9-24)、可靠性下限值计算方法见式 (9-27)。

2）计算各可靠性单元的等效试验数和等效成功数。

表 9-6 中序号 1 和序号 2 可靠性单元的等效可靠性数据计算方法见式 (9-32) 和式 (9-33)，表 9-6 中序号 3 至序号 13 可靠性单元的等效可靠性数据计算方法见式 (9-28) 和式 (9-29)。

根据相关计算公式得到的计算结果见表 9-7。

3）计算发动机综合可靠性试验数。

根据式 (9-35)，该双脉冲发动机的等效试验数为 388.30，等效成功数为 388.28，结合 5 次全部成功飞行试验，其综合试验数为 393.30，综合成功数为 393.28。

4）计算发动机整机的可靠性下限。

根据式 (9-15)，该双脉冲发动机在 0.7 置信度下的可靠性下限为 0.996 8。

表 9-7 某双脉冲固体发动机可靠性单元及试验情况对应的计算结果

成败型可靠性单元

序号	可靠性单元	可靠性预计值	等效试验数	等效成功数	可靠性下限
1	一脉冲电发火管正常发火	0.999 984	50 240.19	50 239.39	0.999 956
2	二脉冲电发火管正常发火	0.999 984	50 240.19	50 239.39	0.999 956

应力强度型可靠性单元

序号	可靠性单元	说明	可靠性预计值	应力和强度折合试验数	等效试验数	等效成功数	可靠性下限
3	壳体结构不破裂	应力为发动机最大工作压强，强度为壳体爆破压强	0.999 999 976	3.38	450.91	450.91	0.997 33
4	燃烧室绝热结构不烧穿	应力为发动机绝热层烧蚀量，强度为绝热层实测厚度	0.999 999 999 7	3.93	10 533.56	10 533.56	0.999 89
5	一脉冲药柱结构不破裂	应力为药柱最大 Von Mises 应变，强度为药柱延伸率	0.999 999 997	4	5 356.32	5 356.32	0.999 78
6	二脉冲药柱结构不破裂	应力为药柱最大 Von Mises 应变，强度为药柱延伸率	0.999 999 989	4	3 375.67	3 375.67	0.999 64
7	一脉冲工作时隔离装置不破裂	应力为一脉冲工作时隔离装置烧蚀量，强度为隔离装置的绝热实测厚度	0.999 997 3	4	388.30	388.30	0.996 90
8	喷管绝热结构不烧穿	应力为喷管各部位烧蚀量，强度为喷管各部位的绝热实测厚度	0.999 999 999	3	7 073.52	7 073.52	0.999 83
9	喷管结构不破坏	应力为喷管最大工作压强，强度为喷管金属件强度下限	0.999 999 991	4	3 646.85	3 646.85	0.999 67
10	密封结构不穿火	应力为密封圈临界压缩量，强度为密封圈实际压缩量下限	0.999 999 998 6	4	6 029.81	6 029.81	0.999 80
11			0.999 999 999 5	4	11 256.69	11 256.69	0.999 89
12			0.999 999 999 8	4	17 050.21	17 050.21	0.999 93
13	总冲满足要求	应力为任务书指标要求，强度为发动机设计值	0.999 999 4	4	709.29	709.29	0.998 30

参 考 文 献

［1］ 方国尧，张鸿涛．固体火箭发动机系统可靠性设计与分析［M］．北京：宇航出版社，1994．

［2］ GJB 376—1987《火工品可靠性评估方法》．

［3］ QJ 2406A—2005《固体火箭发动机可靠性设计要求与评审》．

［4］ GJB 1391—1992《故障模式、影响及危害性分析程序》．

［5］ QJ 3050—1998《航天产品故障模式、影响及危害性分析指南》．

［6］ GB/T 4888—2009《故障树名词术语和符号》．

［7］ GJB/Z 768A—1998《故障树分析指南》．

［8］ 曾声奎．可靠性设计与分析［M］．北京：国防工业出版社，2011．

［9］ QJ 3231 — 2005《固体火箭发动机可靠性评定》．

［10］ 李进贤．火箭发动机可靠性设计［M］．西安：西北工业大学出版社，2012．

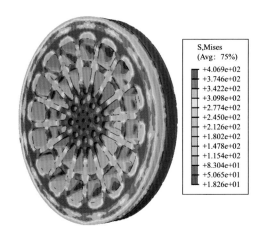

图 4 - 27　隔舱支撑件承载 23 MPa 应力云图（P64）

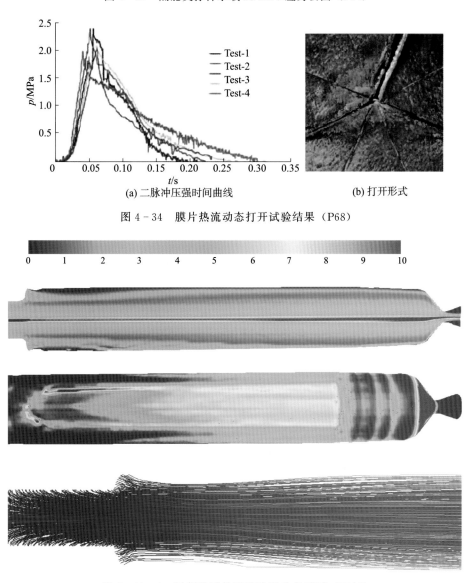

(a) 二脉冲压强时间曲线　　　　　　(b) 打开形式

图 4 - 34　膜片热流动态打开试验结果（P68）

图 5 - 29　4 s 时刻粒子轨迹及浓度分布云图（P112）

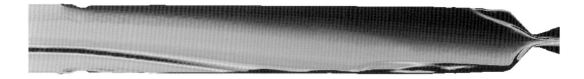

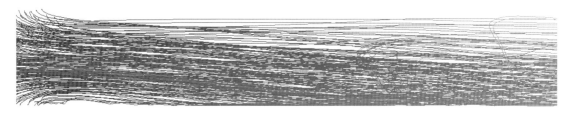

图 5 - 30　7 s 时刻粒子轨迹及浓度分布云图（P113）

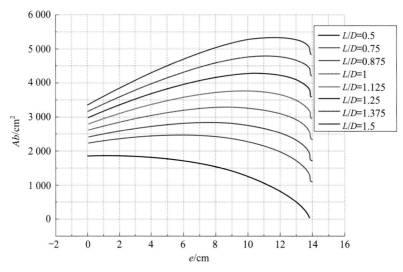

图 6 - 6　药柱长径比对燃面的影响（P127）

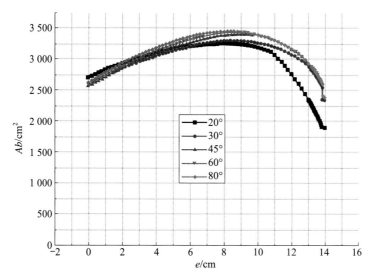

图 6 - 7　锥角对燃面的影响（P128）

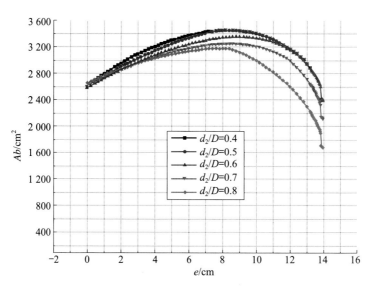

图 6 - 8　锥孔开口比对燃面的影响（P129）

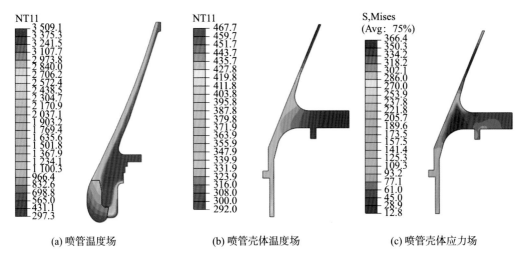

(a) 喷管温度场　　　　　　　　(b) 喷管壳体温度场　　　　　　　(c) 喷管壳体应力场

图 7 - 8　固定体金属件温度和应力分布情况（P139）

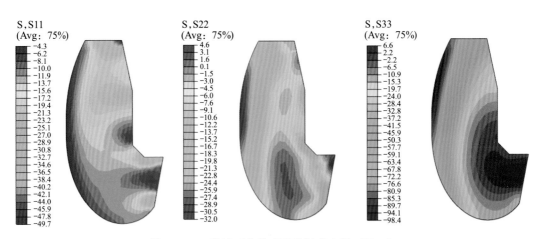

图 7 - 9　一脉冲工作结束时喉衬应力场（P140）

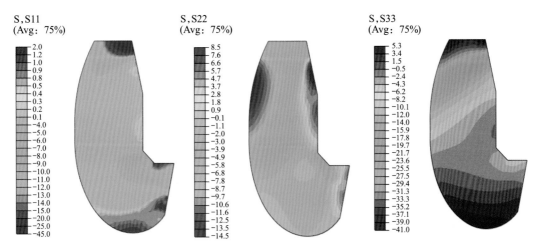

图 7 - 10　脉冲间隔结束时喉衬应力场（P140）

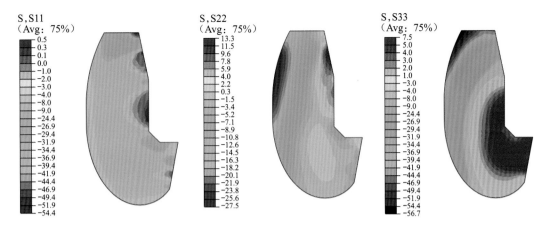

图 7-11　二脉冲结束时喉衬应力场（P140）

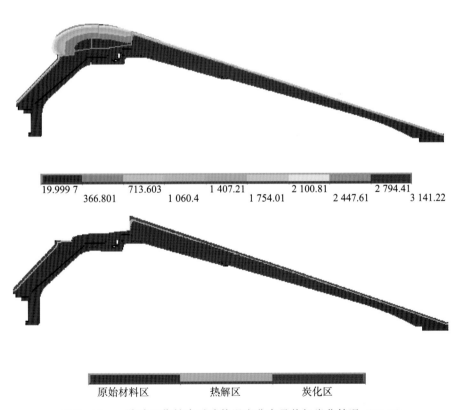

原始材料区　　　热解区　　　炭化区

图 7-14　一脉冲工作结束时喷管温度分布及热解炭化情况（P143）

| 19.9991 | | 434.233 | | 848.466 | | 1 262.7 | | 1 676.93 | |
| | 227.116 | | 641.349 | | 1 055.58 | | 1 469.82 | | 1 884.05 |

(a) Δt=5 s

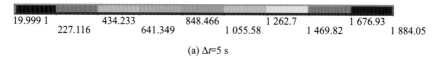

| 20 | | 340.284 | | 660.567 | | 980.851 | | 1 301.13 | |
| | 180.142 | | 500.425 | | 820.709 | | 1 140.99 | | 1 461.28 |

(b) Δt=10 s

| 20.0001 | | 273.291 | | 526.581 | | 779.872 | | 1 033.16 | |
| | 146.645 | | 399.936 | | 653.227 | | 906.517 | | 1 159.81 |

(c) Δt=20 s

图 7 - 15　不同脉冲间隔时间喷管温度分布情况（P144）

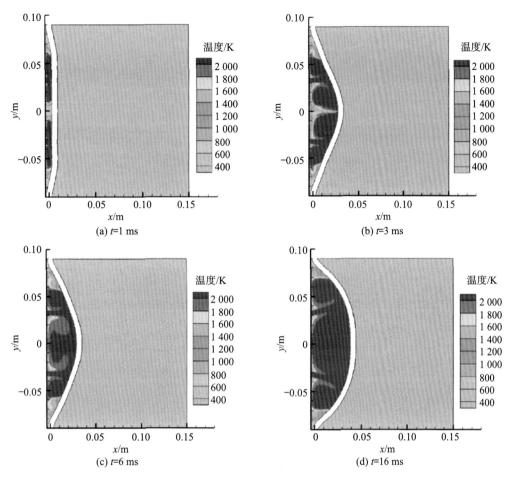

(a) t=1 ms

(b) t=3 ms

(c) t=6 ms

(d) t=16 ms

图 8 - 12 隔层变形过程及分离区流场温度分布云图 （P157）

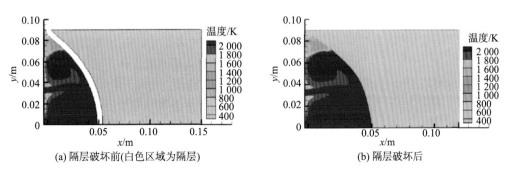

(a) 隔层破坏前(白色区域为隔层)

(b) 隔层破坏后

图 8 - 14 隔层破坏前后燃烧室温度云图 （P158）

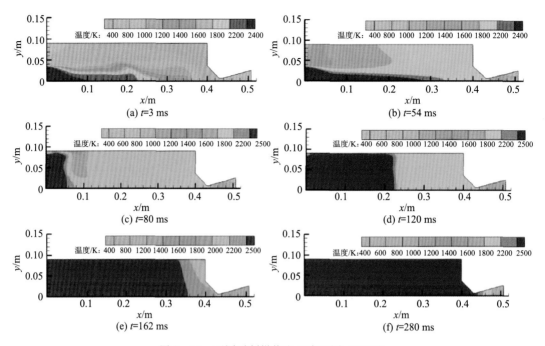

图 8 - 15　不同时刻燃烧室温度云图 （P158）